本书由国家自然科学基金项目（42161060、41801325）、江西省杰出青年基金（原创探索类）项目（20232ACB213017）、江西省"双千计划"高层次人才项目（DHSQT42023002）、中国博士后科学基金资助项目（2019M661858）、江西省自然科学基金项目（20192BAB217010）资助

Theory and Method of Three-Dimensional Laser Scanning Technology

三维激光扫描技术理论与方法

惠振阳　著

WUHAN UNIVERSITY PRESS
武汉大学出版社

图书在版编目(CIP)数据

三维激光扫描技术理论与方法 / 惠振阳著. -- 武汉：武汉大学出版社，2024. 8. -- ISBN 978-7-307-24444-3

Ⅰ. TN249

中国国家版本馆 CIP 数据核字第 2024J1E065 号

责任编辑:王 荣　　责任校对:汪欣怡　　版式设计:马 佳

出版发行：**武汉大学出版社** （430072 武昌 珞珈山）

（电子邮箱：cbs22@ whu.edu.cn 网址：www.wdp. com.cn）

印刷:武汉邮科印务有限公司

开本:787×1092 1/16 印张:13.5 字数:256 千字 插页:1

版次:2024 年 8 月第 1 版 2024 年 8 月第 1 次印刷

ISBN 978-7-307-24444-3 定价:65.00 元

前　　言

近年来，随着智慧城市建设的快速发展，迫切需要我们对周边的地理环境有更准确的认知和理解，传统的二维遥感影像信息已无法满足此项需求。随着科技的不断进步，三维激光扫描技术(LiDAR)逐渐成为获取高精度空间信息的重要工具之一。相比二维遥感技术，三维激光扫描技术能够提供更加详细和全面的空间信息，使得城市规划、建筑设计、文物保护等领域的工作变得更加高效、精准。在智慧城市建设和管理中，三维激光扫描技术将发挥越来越重要的作用，促进城市发展迈向更高水平。

LiDAR 系统主要由全球定位系统、激光扫描仪及惯性导航系统三部分组成，通过主动地向地面发射激光脉冲，可以获取地面目标物体的方位、距离和表面特性。现今，LiDAR 技术已广泛应用于数字地面模型获取、森林植被参数估测、城市三维模型建立等地球空间信息学科的众多领域。而实现以上诸多应用，急需针对点云数据的预处理方法(如点云去噪、点云滤波等)和后处理应用方法(如道路提取、单木分割、枝叶分离等)进行深入研究。

点云去噪是点云预处理的关键环节。由于受到仪器自身或者外界环境变化的干扰，使得所获取的点云数据时常包含噪声点。这些噪声点的存在会降低数字地面模型建立、道路提取等点云后处理的精度。如何引入新的理论知识、提出新的去噪算法，实现既能去除噪声点，又能有效保护地形信息、提高数据质量，是点云去噪算法研究的重点。

点云滤波即是从 LiDAR 点云中去除地物点而保留地形点的过程，它是实现诸多点云后处理应用的基础步骤。然而，传统形态学滤波法往往存在以下两个缺点：一是需要设定坡度常量，使得算法缺乏自适应性；二是在大窗口滤波时，容易削平地形，不能有效地保留地形细节。这两个缺点严重制约了形态学滤波法的适用区域及滤波精度。如何进一步地提高形态学算法在复杂场景下的自适应能力及滤波精度，是点云滤波算法研究的热点问题。

道路点云通常包含于地面点云中，如何从地面点云中有效地识别道路点云是道路提取研究中的难点问题。大多数学者采用反射强度约束来实现对道路点云的判别，但现有的算法都需要人为设定反射强度阈值。过多的人为参与会大大降低算法的自动化程度，且使得算法不具有普适性。因此，基于道路点云反射强度数据的特点探寻一种自动、准确的阈值确定方法是十分必要的。

道路中线能够清楚地反映道路间的拓扑关系，因此需要从道路点云中提取道路中线以反映城市道路网的具体信息。但是，城市区域往往存在大量的过道、走廊等狭窄道路，此类道路不属于所要提取的城市主要干道，会造成城市道路网出现过多的"毛刺"现象。如何去除此类道路对城市主要干道提取的干扰，是此项研究的热点问题。另外，城市区域包含停车场、空地、天井等似道路区域，此类区域无论是高程还是反射强度都与道路区域非常接近，因而，很有必要研究如何排除此类似道路区域对城市道路网提取的干扰，以实现城市道路网的正确、完整提取。

单木是植被区域基本的构成单元。准确的单木分割结果是实现单木水平枝干模型建立的前提和关键。尤其是在复杂植被环境区域，容易出现过分割或者欠分割现象。不准确的单木分割结果将会严重影响后续单木水平建模的精度。此外，在单木分割过程中，过多的参数设置也大大降低了方法的自动化程度，不便于方法的应用实现。因此，探索高精度的、自动化程度高的单木分割方法具有重要的现实意义和生产应用价值。

枝叶分离是建立枝干模型的必要环节。目前枝叶分离主要存在以下难点与挑战：一是方法对树干的探测精度较高，而对冠层区域细枝的探测精度较差；二是枝叶分离误差呈分散式分布，将严重影响后续枝干模型建立的精度；三是枝叶分离方法的普适性不强，针对不同树木类型枝叶分离的鲁棒性较差。因此，研究具有较高枝叶分离精度的、误差分布较为集中的、鲁棒性强的枝叶分离方法具有重要的科学意义。

本书针对上述提及的点云去噪、点云滤波、道路点云提取、道路中线提取、单木分割、枝叶分离等点云预/后处理方法中存在的问题进行了深入的研究和探讨，主要研究内容和取得的成果如下：

（1）将经验模态分解（EMD）算法引入机载 LiDAR 点云去噪中，提出基于 EMD 的点云噪声去除算法。该算法是通过计算原始点云高程和重构点云高程之间的差值来实现对噪声点的自动探测与剔除。分别采用实例数据和模拟噪声数据对所提出的算法进行了实验，实验结果表明能够有效地去除噪声，提高信噪比，提升数据质量。

（2）提出一种基于渐进克里金插值的形态学滤波改进算法。该算法的实质是将曲面拟合滤波法与传统形态学滤波法进行有效结合，通过克里金插值计算出不同层级所对应的地形起伏度，有效地减小在大窗口滤波时对地形削平的影响。采用国际摄影测量与遥感学会提供的测试数据对所提出的算法进行了实验，实验结果表明此算法能够有效地保护地形细节，减小Ⅰ类误差，平均整体滤波精度高达 94.66%。

（3）将偏度平衡算法引入道路点云反射强度阈值的确定中，提出一种基于偏度平衡的道路点云反射强度阈值确定方法。该方法假定"纯净"的道路点云的反射强度值呈正态分布，因受非道路点云反射强度值的干扰，致使整体点云的强度值呈正偏态分布。通过不断地剔除非道路点云反射强度值的影响使其分布从正偏态分布变为正态分布，确定道路点云反射强度阈值，进而获取初始道路点云。实验结果表明，所提出的算法能够较准确地确定道路点云的反射强度阈值，并提高了阈值设定的自动化程度。

（4）建立一种能够精确、快速、完整地提取城市道路网的多层级融合与优化方法。在该方法的实现过程中，首先提出一种基于旋转邻域的狭窄道路识别算法，即通过多角度地旋转道路邻域来自动实现对狭窄道路的判别与剔除。然后，根据道路之间的拓扑关系，提出一种似道路区域识别算法，即通过计算道路交叉点之间的棋盘距离，将小于阈值的交叉点所在的区域判定为似道路区域。最后，针对道路区域和似道路区域分别设定不同的融合与优化准则，实现对城市道路网的精确提取。

（5）提出一种基于迁移学习和高斯混合模型分离的单木提取方法。在本节中，首先采用迁移学习获取树干点云。进而以树干点云为基础进行最邻近聚类获取初始分割结果。采用主成分变换和核密度估计来确定初始分割中各部分的混合成分的数目，并基于混合成分的数目来实现高斯混合模型分离，获得准确的树冠分离结果。最后，基于竖直连续性原则，采用从上至下的方式获取各个树冠所对应的树干点云，实现最终完整的单木提取。

（6）提出一种分形维引导下的多尺度集成学习 LiDAR 点云枝叶分离方法。首先，将分形理论应用于枝叶分离中，通过对三维点云数据体素化并采用包围盒法计算各个点的分形维，以反映枝干和叶片不同的形态特征和复杂程度。继而，根据枝干和叶片的生长规则不同，通过计算点云局部法向量与竖直方向夹角的变化幅度，增强枝干和叶片的识别能力。最后，构建邻近点集的协方差张量，通过计算该协方差张量的三个特征值和对应的特征向量，获取几何形态特征向量。为充分利用植被的三维空间信息，获取枝叶点云的多尺度特征向量，并采用集成学习模式获取高精度的枝叶分离结果。

（7）提出一种基于模态点演化的枝叶分离方法。以获取的单木模态点代替原有点云数据进行网图构建，提高方法实现效率。采用路径回溯和路径频率探测，分别进行叶子模态点和枝干模态点的探测，实现高精度的枝叶模态点获取。提出模态点演化的理论方法，通过定义"通勤时间距离"，获取模态点空间拓扑关系。进而，依据模态点间的空间邻域信息设定演化准则，实现兼顾高精度、鲁棒性和可扩展性的枝叶分离。

本书得到了国家自然科学基金（42161060、41801325）、江西省杰出青年基金（原创探索类）项目（20232ACB213017）、江西省"双千计划"高层次人才项目（DHSQT42023002）、中国博士后科学基金资助项目（2019M661858）、江西省自然科学基金项目（20192BAB217010）等的支持。

因本书有较多彩图，为方便读者阅读，特将这些彩图做成数字资源，读者可在封底扫描二维码下载、阅读图件。

惠振阳

2024 年 1 月 24 日

目　　录

第1章 绪 论

1.1 研究的背景与意义

LiDAR(Light Detection and Ranging)的快速发展为我们提供了一种获取地球空间信息的遥感新途径。LiDAR 系统主要由全球定位系统、激光扫描仪,以及惯性导航系统组成[1]。该系统通过主动向地面发射激光脉冲来获取多种地表信息,例如点位信息、距离信息、地面反射物材质信息等。此外,该系统通常集成有 CCD 相机,更能增强对地表的描绘能力。

LiDAR 技术由于采用主动测量的方式,使其突破了传统单点测量技术(如 RTK 测量、全站仪测量等)的限制,能够准确获取物体的三维坐标信息,具有速度快、精度高等特点[2]。而且该技术不受光照、明暗变化等外界环境的影响,能够 24 小时全天候地进行数据采集[3]。现如今,此项技术已广泛应用于获取数字地面模型(DTM)[4-6]、提取城市道路[7-9]、建立城市三维模型[10-12]等地球空间信息学科的众多领域。

随着数字城市和智慧城市的发展,准确的道路信息在车辆导航、交通安全管理及城市规划等方面都能发挥巨大的作用。传统的道路提取方法往往依赖遥感影像,但由于遥感影像自身的特点,使得从遥感影像中进行道路提取存在以下问题:树木、车辆等地物对道路的遮挡造成数据缺失;高大建筑物形成的阴影容易对道路提取造成干扰;遥感影像本身的"同谱异物""同物异谱"现象会对道路提取带来误判[13]。

LiDAR 具有多回波特性,可以穿透植被打到地面,因此可以避开树木对道路遮挡的影响。同时,由于不受外界光照条件及光线明暗变化的影响,因此 LiDAR 点云数据更适合作为道路提取的数据源。此外,LiDAR 点云还包含强度数据,更有助于提高提取精度。总而言之,相较于传统方法,从 LiDAR 点云数据中进行道路提取具有很大的优势,因此设计一套在城市区域自动提取道路的算法是十分必要的。

在林业应用领域,LiDAR 系统发射的激光脉冲能够穿透植被冠层。因此,采用

1

LiDAR 技术能够准确刻画植被的三维结构信息。相较于传统的人工进行植被参数估测（如树高测量、胸径测量、冠幅测量等），采用 LiDAR 技术能够大大提高林业调查的外业测量精度及实现效率。因此，研究 LiDAR 技术应用林业领域的关键技术方法具有重要的理论意义和实际应用价值。

在实现 LiDAR 点云数据预处理与后处理应用中，诸多点云数据处理的关键理论方法亟须深入研究。点云预处理是指数据组织和噪声去除。原始点云是离散分布的，不具备任何的数据组织结构，如果直接对其进行处理，点云处理效率就较低。因此，需要采取有效的组织方式进行数据管理。由于受到外界环境和仪器自身的影响，使得获取的点云数据极易受到噪声干扰[14]。噪声数据不仅会降低原始数据的信噪比[15]，还会对后续处理应用造成很大的干扰。因此，研发一种有效的噪声点去除方法十分必要。

点云滤波即是从点云数据中去除非地面点而保留有效地形点的过程。现有的滤波算法有很多，但大多数滤波算法只在地形相对平坦、地物相对简单的区域拥有较好的滤波精度，而在地形坡度变化较大、存在复杂地物的区域表现较差[16]。形态学算法因其原理简单、实现效率高而被广泛应用于点云滤波。但是，传统的形态学滤波算法主要存在以下两个问题：一是在用大窗口进行点云滤波时容易削平地形，不能有效地保留地形细节；二是需要假定整体地形坡度为常量，此设定在对复杂地形进行点云滤波时容易引起较大的误差。为解决以上问题，需要设计一种在各种复杂地形都能获得良好滤波效果的形态学滤波改进算法。

由于道路点云与裸地点云具有相近的高程值及反射强度值，因此如何准确地提取道路点云一直都是研究的热点与难点。道路点云提取算法通常依赖人为设定反射强度阈值及高程阈值，尤其是反射强度阈值对道路点云提取的影响很大。不准确的阈值设定就无法获取"纯净"的道路点云。传统的反射强度阈值设定往往需要对点云进行人工采样，再通过数理统计的方法确定该研究区域的强度阈值。此方法的缺点主要在于不具有通用性，不同的研究区域需要不断地重复上述操作，过多的人为干预大大降低了算法的自动化程度。因此，需要研究一种自动、准确、高效的反射强度阈值确定方法以便获取更准确的道路点云。

道路点云提取出来后，最后的关键步骤便是如何获取最优的城市道路网。城市区域通常有很多的人行道，在住宅区域之间往往有过道、走廊等，此类狭窄道路的存在使得提取的道路网中包含大量的"毛刺"，严重地干扰了城市主干道的正确提取，而现有道路提取方法难以很好地消除这种干扰。因此，亟须探索一种能够适用于复杂城区道路的狭窄道路剔除算法。此外，城市区域存在大量的"似道路区域"，如停车场、裸地、天井等，此类区域很容易对道路网提取造成干扰。如何对此类区域进行有效的判别，去除此类区域干扰对城市道路网提取的影响具有重要的研究价值和实际意义。

单木是植被区域基本的构成单元。准确的单木分割结果是实现单木水平枝干模型建立的前提和关键。然而，目前单木分割依然面临诸多难点与挑战。尤其是在复杂植被环境区域，容易出现过分割或者欠分割现象。植被过分割是将同一株植被分割为若干个分类簇，致使纳伪误差过大。而植被欠分割则主要易发生于距离相近或是林下植被区域。不准确的单木分割结果将会严重影响后续单木水平建模的精度。此外，在单木分割过程中过多的参数设置也大大降低了方法的自动化程度，不便于方法的应用实现。因此，探索高精度的、自动化程度高的单木分割方法具有重要的现实意义和生产应用价值。

枝叶分离是建立枝干模型的必要环节。准确的枝叶分离结果是高精度枝干模型建立的保障。目前枝叶分离主要存在以下难点与挑战：一是方法对树干的探测精度较高，而对冠层区域细枝的探测精度较差；二是枝叶分离误差呈分散式分布，此特点将严重影响后续枝干模型建立的精度；三是枝叶分离方法的普适性不强，针对不同树木类型枝叶分离的鲁棒性较差。因此，研究具有较高枝叶分离精度的、误差分布较集中的、鲁棒性强的枝叶分离方法具有重要的科学意义。

通过本书内容的研究，有望突破以上提及的点云数据预处理与后处理应用中存在的关键技术问题，为 LiDAR 技术用于城市三维模型、城市交通规划与管理系统和森林资源调查等领域提供关键技术支持。

1.2　国内外研究现状及存在的问题

近年来，国内外一些学者利用 LiDAR 技术深入进行了诸多预处理和后处理应用研究，主要技术环节包括点云去噪、点云滤波、道路点云提取、城市道路网提取、单木分割、枝叶分离。下面将系统阐述上述各个环节的研究现状及存在的问题。

1.2.1　点云去噪

如何将噪声点从原始点云中进行剔除，一直以来都是研究的热点。现依据去噪方法的理论背景将相关研究归为以下几类：

（1）基于形态学运算的点云去噪算法。

对点云进行形态学开运算，将高差变化过大的点判定为高位噪声并进行剔

3

除[17,18]。形态学开运算后，高位噪声点可以完全被剔除，而低位噪声点并未去除。Chen 等首先对开运算的结果进行 h 米的腐蚀操作，继而进行连通分析，将连通面积小于阈值的区域归类为低位噪声区域并对相应的点云数据进行滤除[17]。Mongus 等认为形态学闭运算虽然可以有效地剔除低位噪声点，但是在用形态学闭运算剔除低位噪声点时，一些重要的孤立的地面点往往也会被剔除[18]。为使这些孤立的地面点不被剔除，需首先对点云进行形态学开运算，使这些原本孤立的地面点不再孤立，然后再对开运算的结果进行形态学闭运算。为尽量减小对原有数据的改变，只将形态学开闭运算后高程变化大于 1m 的点进行替换，其余各点保持不变。Li 等将外部梯度（external gradient）大于阈值且其临近个数小于阈值的点判定为低位噪声点[19]。外部梯度通常定义为膨胀高程与原始高程之差。外部梯度大于阈值表明该点的高程要明显小于周围临近点的高程。统计这些外部梯度大于阈值的点所在的 3×3 邻域，如果临近个数小于阈值，则表明这些点是孤立离散的，可判定为噪声点[19,20]。

受形态学运算本身特点的影响，该类型去噪算法的去噪结果易受结构元素（structuring element）大小选择的影响。小的结构元素不易去除片状的点云噪声，而大的结构元素容易将地形起伏较大的点云误判为噪声点。

（2）基于高差阈值设定的点云去噪算法。

噪声点云与有效点云的明显区别在于噪声点云存在高程突变，即噪声点的高程会明显小于或大于周围临近点的高程。基于这一特点，Haugerud 和 Harding[21]，Evans 和 Hudak[22]将最大高差阈值设置为内插格网尺寸的 4 倍，将高差大于最大高差阈值的低位点归类为低位噪声点。Silván-Cárdenas 和 Wang[23]，李峰等[24]将点云噪声剔除分为两步。第一步，首先对点云建立高程直方图，设定阈值并将不符合条件的点进行剔除；第二步，对未被删除的点云建立 Delaunay 三角网，以获取各点的临近关系。依次遍历剩余点云的各个点，计算各点与其临近点的最小高差，剔除高程相对于其临近点太高或太低的点。

基于高差阈值设定的点云去噪算法原理简单、实现效率高，但该类型去噪算法的去噪效果过分依赖高差阈值的设定，而高差阈值通常是人为给定的，需要经过反复试验才能确定合理的高差阈值。因此，此类型算法实现难度较大。

（3）基于内插拟合的点云去噪算法。

内插拟合去噪算法的理论基础是有效点云的高程是均匀变化的，不会出现高程跳跃。Brovelli 采用二元三次样条插值法对检核点进行拟合计算，将拟合值与真实值之差大于阈值的点判定为噪声点[25]。蒋晶珏依次选取各个点的 K 个邻近点，并进行平面拟合。计算该点与拟合平面间的距离，若大于阈值则将该点判定为噪声点[26]。Wang 采用了类似的方法进行点云去噪，为加快 K 个邻近点的查询效率，首先对点云采用 R-Tree 进行组织，然后按照 KNN(K-Nearest Neighbor Query) 算法进行邻近查询[27]。

　　基于内插拟合的点云去噪算法主要存在以下两个问题：一是在地形起伏较大区域或存在地形断裂区域，容易将有效的地形点误判为噪声点；二是此类型算法对点状噪声的剔除效果比较好，但不易剔除片状存在的噪声点。

　　总的来说，以上各种去噪算法均存在一定的局限性，而且去噪算法思想缺乏创新，提出一种基于新的理论背景的去噪算法将是本书的研究重点。

1.2.2　点云滤波

　　去噪后的 LiDAR 点云不仅包含地面点(ground point)，还包含大量的非地面点(non-ground point)，如建筑物、树木、车辆等。要从 LiDAR 点云中获得数字地面模型(DTM)，并从地面点中提取道路信息，必须首先把地面点与非地面点有效地进行分离。这个过程称为点云滤波。

　　近年来，专家学者对点云滤波进行了大量的研究，根据滤波理论背景的不同，可将现有的点云滤波算法归为以下五类：基于数学形态学、基于曲面拟合、基于不规则三角网、基于坡度、基于聚类分割。

　　(1)基于数学形态学的点云滤波算法。

　　最初是由 Lindenberger 将数学形态学引入点云滤波中[28]。形态学滤波的主要原理是非地面点在形态学开运算前后高程变化较大，通过设定阈值将高程变化较大的点归类为非地面点并进行剔除。

　　对于形态学滤波而言，关键之处在于滤波窗口的选择。滤波窗口选择过小不能滤除大型建筑物，而滤波窗口过大则容易导致地形过于平滑。为解决该问题，Zhang 等提出一种经典的渐进式形态学滤波法[29]。在该方法中，滤波窗口从小变大，不同的窗口对应不同的高差阈值。此阈值可根据地形坡度和相邻窗口大小的变化量计算得到。通过计算形态学开运算前后点云的高差变化，将高差变化大于阈值的点判定为地物点并进行滤除。一直迭代，直到滤波窗口大于该区域最大建筑物的尺寸。之后许多学者基于该方法在以下三个方面进行改进：针对格网内插引起误差的改进[30-32]、针对地形坡度假定常量的改进[33,34]、针对细节地形的方块效应的改进[35-37]。

　　整体而言，基于数学形态学的点云滤波算法具有实现效率高、原理简单的优点，但其难点在于滤波窗口尺寸的选取。虽然近年来，不少学者采用渐进变化窗口大小的方式取得了较好的滤波结果，但在用大窗口进行点云滤波时依然容易将起伏的地形点误判为地物点而被剔除，造成 I 类误差过大。尽管学者陆续设计不同的算法对此进行了改进，但现有的形态学滤波法依然无法在复杂地形区域获得好的滤波效果。如何增强此类型算法在地形起伏较大区域的稳健性，提高其整体精度（Overall Accuracy）将是本书的研究重点。

（2）基于曲面拟合的点云滤波算法。

基于曲面拟合的点云滤波算法通常采用从上到下渐进迭代的方式进行点云滤波。首先采用一定的内插方法获取一个粗略的 DTM，然后随着迭代次数的增加，所获取 DTM 的精度越来越高，直到达到所需 DTM 的分辨率。

Mongus 和 Žalik 提出了一种无参的多层级渐进加密点云滤波法[18]。该算法首先对最上层级的控制点采用薄板样条（TPS）插值法获取地形曲面，然后计算下层级各控制点到该地形曲面的距离。将距离大于阈值的控制点用内插点取代。然后再对这些经过滤波判断的控制点进行 TPS 插值获取新的地形曲面，继续进行下一层的控制点滤波。一直迭代，直到最底层，对 LiDAR 点云中的各个点依次进行滤波判断。Chen 等对上述方法进行了改进[38]。首先，在种子点的选取方面并非只选择最低点，与最低点高程相近的一些点同样也被选取为种子点。种子点越多，所获取的插值曲面也就越接近实际地形。在点云滤波时，Mongus 和 Žalik 所提出的算法只计算一个点到内插曲面的距离，而在 Chen 等的方法中，计算了该点与其八邻域的 9 个残差值，如果至少有 4 个残差值小于阈值，就对该点进行保留。这样就避免了因内插计算错误而带来的误判。

基于曲面拟合的点云滤波算法由于采用多层级迭代的方式，每一层级的滤波结果都会受到上一层级滤波结果的影响。如果初始 DTM 建立不准确，后续的滤波结果就会出现误差传递和累积。Lee 和 Younan 指出此类型方法在存在陡坡或地形变化较大区域不能进行有效的滤波，而且计算时间长且容易将低位噪声点误判为地面点[39]。此外，所选取的内插方法对滤波结果影响也很大。因此，选取何种插值方法，如何建立更准确的初始 DTM，如何减少误差传播将是此类方法今后研究的重点。

（3）基于不规则三角网的点云滤波算法。

经典的渐进加密不规则三角网（Progressive Triangulated Irregular Network Densification）滤波算法最早由 Axelsson 提出，该方法通常简称为 PTD 滤波算法[40]。该方法首先获取地面种子点，然后按照一定的规则构建不规则三角网（TIN）并进行迭代加密。在每次迭代过程中，都对其余各点到所在三角形的反复角和反复距离进行阈值判断，将满足条件的点加入 TIN。一直重复上述过程，直到没有点满足条件可再加进到 TIN 为止。

之后许多算法都以此算法为基础进行不同程度的改进，也都取得了不错的滤波效果。例如，Zhang 和 Lin 指出传统 PTD 方法无法在地形凸起区域有效地保护地形细节，导致Ⅰ类误差偏大[4]。为解决该问题，Zhang 和 Lin 将光滑约束分割法与 PTD 方法相结合，经试验验证该方法能够有效地减小Ⅰ类误差。传统的 PTD 滤波在逐次迭代过程中往往不能有效地滤除低矮植被，进而导致最后的滤波结果Ⅱ类误差过大。为解决上述问题，隋立春等对各个格网内的点云按升序进行排序，然后依照排序顺序对 TIN 进行加密[41]。经实验表明，此改进相较于原方法能够有效减小Ⅱ类误差，改善滤波效果。传统 PTD 法在地形起伏较大区域容易过度"腐蚀"地形，造成Ⅰ类误差过大。为解决上述问题，高广等在原有滤波准则的基础上增加了地形预测角判断准则[42]。吴芳等为了保证初始 TIN 模型能够最大程度地契合原有地形，在选择地面种子点前去除了非地面点的影响[43]。该方法首先采用偏度平衡算法将点云粗分为地面点和地物点。然后利用地面点建立初始 TIN，再按照传统的渐进加密不规则三角网算法对其他点进行滤波判断。

PTD 滤波算法是近年来表现最稳健、滤波效果最好的滤波算法。在 Sithole 和 Vosselman 对八种主流滤波算法的实验对比中，Axelsson 提出的 PTD 算法能获得最小的平均总误差(mean total error)及最高的 κ(Kappa)系数(Kappa Coefficient)[16]。并且该方法能够适应各种复杂地形，滤波效果具有较强的鲁棒性。但该方法最主要的弊端是需要占用大量的内存空间，当点云数据量特别大时，运算处理时间稍长。此外，初始构建的 TIN 会严重影响后续的滤波判断。而 PTD 算法对低位噪声敏感，极易将低位噪声点或者低势地物点判定为有效地形点。因此，如何有效解决以上各方面所存在的问题将是此类型算法的重要研究内容。

(4)基于坡度的点云滤波算法。

Vosselman 是开创基于坡度的点云滤波算法的先驱[44]。该方法的基本思想是临近地面点间的坡度值相较于临近地面点与非地面点间的坡度值要小很多。依次计算各个点与其周围邻近点间的坡度值，将不满足阈值条件的点判定为非地面点，否则，判定为地面点。

Vosselman 指出最优坡度阈值可根据实验区域的先验知识进行设定，或通过对样本数据进行训练而得出[44]。但是，地形通常是复杂多变的，对整个实验区域设定统一的坡度阈值明显是不合理的。因此，此方法一般在平坦区域表现较好，而随着地形坡度变化的增加滤波效果会变得越差[45]。

Sithole 针对上述缺点对该方法进行了改进[46]。在 Sithole 的方法中，坡度阈值不再是固定的常量，而是根据实际地形坡度的变化而变化。这种改进增强了此类型算法在复杂地形区域的精度。Susaki 从分层迭代的粗略 DTM 中计算出坡度阈值，同样实现了坡度阈值随着地形坡度的变化而变化[47]。

张皓等认为在陡坎、斜坡等处的坡度往往会很大，如果靠单一的坡度阈值，这些有效的地形点都会被误判为地物点而被剔除[48]。为减小此类误差，张皓等提出通过增加 4 个阈值参数来共同进行滤波判断。

坡度滤波法具有易于理解、便于实现的特点，但仍然有以下两个问题：需要找到邻近点，并逐点计算坡度值，当点云数量很大时，计算量过大；坡度阈值设定不准确，虽然现有的一些算法可以根据实际地形动态地调整阈值，但在地形断裂区域此类型算法依然不能取得良好的滤波效果。解决第一个问题可考虑将离散点云采用格网或者 KD 树进行组织，以便加快邻近查询效率。解决第二个问题可先对点云进行聚类分割，获取分割区域的整体属性，再根据整体属性动态设置不同的坡度阈值。

（5）基于聚类分割的点云滤波算法。

基于聚类分割的点云滤波算法通常包含两步，首先采取某种分割方法对点云进行分割，然后再对分割的结果按照某种设定的规则进行点云滤波。有很多点云聚类分割的算法，例如：扫描线分割法[49]、Mean Shift 分割法[50]、区域生长法[51]、曲面生长法[36,52]、自适应随机抽样一致法[53]等。在对分割结果进行滤波判断时，大多数算法通常基于地面点聚类区域要低于地物点聚类区域这一假设。

Tóvári 和 Pfeifer 首先对点云进行分割，然后对分割后的每一部分计算残差值，并根据残差值对属于同一部分的点云设置相同的权重进行迭代内插[54]。经实验表明，此改进无论是在城市区域还是在森林区域都具有较强的鲁棒性，并能获取较好的滤波结果。

Lin 和 Zhang 首先采用区域生长法将点云分割成不同的部分，然后通过多回波分析去除植被等非地面点云，再利用 PTD 算法，首先选择地面种子点，并对这些点所在分割区域的所有点建立初始 TIN，然后不断迭代获取最终的地面点云[5]。

整体而言，聚类分割滤波法能够获得更好的点云滤波效果，这是因为点云聚类分割后，点云块能够提供更多的语义信息，更有利于后续的滤波判断；分割后的点云能准确地到达断裂线或者高程跳跃边缘。尽管如此，此类点云滤波算法的滤波效果过分依赖聚类分割的结果，如果聚类分割的结果不准确，后续滤波效果就会受到很大的影响。因此选择恰当的分割算法是很关键的。

综上所述，虽然以上五种类型的滤波算法在特定地形环境下都能取得良好的滤波效果，但它们都有各自的局限性，至今没有一种算法能够适应各种复杂地形。因此，提出一种精度更高的、更加稳健的、自适应能力更强的点云滤波算法将是本书的研究重点。

1.2.3　道路点云提取

道路点云通常为地面点云的一部分。相较于非道路点云，道路点云具有两个不一样的特点：一是道路一般比较平滑，路面起伏较小，高程差异小；二是道路的反射强度具有一致性。现有的大多数算法是基于以上两个特征，通过设定高程阈值和反射强度阈值来提取初始道路点云。

由于道路材质的复杂性，反射强度阈值并不容易确定。徐景中等利用直方图对点云强度值进行统计分析来确定反射强度阈值[55]。Choi 等则通过航片在点云中人工选出若干个准确的道路种子点，计算其反射强度均值和方差，然后将均值减去方差设定为阈值最小值，均值加上方差设定为阈值最大值[56]。Clode 等通过多次的样本训练来获得更准确的反射强度阈值[57]。Clode 等则根据经验来确定反射强度阈值[58]。

由于道路本身的复杂性及外界环境的影响，如果仅靠高程约束和反射强度约束进行道路点云提取仍然会出现一定的误判性。Clode 等通过计算每个点所在圆形邻域内道路点所占的比率来进一步剔除非道路点[57]。都伟冰等则引入粗糙度指数为道路点云划分提供另一个约束原则[59]。

李峰等同样采用高程约束和强度约束进行道路点云提取[60]，但该方法并没有进行地面点滤波，而是通过人工选取道路种子点采用区域生长法从原始点云中直接提取道路点云。

徐景中等采用了基于点密度和面积约束的方法来剔除非道路点云[55]。该方法以任意一点圆形邻域内点云的个数作为该点的点密度，并统计各个孤立区域的面积，将不满足点密度阈值和面积阈值的点进行剔除。彭检贵等采用了类似的方法剔除非道路点云，该方法首先对点云建立狄洛尼三角网（D-TIN），通过设定 TIN 的边长阈值和连通面积阈值来去除非道路区域[61]。

除了采用多约束法来剔除非道路点云外，还有不少学者利用道路一般呈带状分布的几何特性来确定道路区域。例如，陈卓等通过设定最小道路宽度定义矩形区域，将矩形区域内点云强度方差和高差方差的加权平均值作为该矩形的纹理特征值，然后根据角度纹理信息找出道路交叉口位置[62]。Zhao 等在点云强度图像上采用模板匹配法进行道路提取[63]。模板匹配算法主要基于道路一般为细长形带状区域，通过不断地改变模板的尺寸和方向，当模板内的道路显著性达到最大时，此时模板的尺寸和方向就表示为该点所对应道路的宽度和方向。

Zhao 和 You 采用区域投票算法来剔除非道路点[64]。通过模板匹配，每个点都可以得到对应的道路方向和道路宽度，在区域范围内相同道路方向和宽度的点进行累加投票，最后将最大投票数小于阈值的点判定为非道路点并进行剔除。

Clode 等将道路初始点云转化为二值图像，然后对其进行连通分析，对每一个连通部分计算其与最小外接矩形的面积比，面积比越接近于 1 表明该连通部分越有可能是道路区域[58]。最后将不满足面积比阈值的区域进行剔除。

Hu 等采用张量投票算法来加强线性道路区域的显著性，减弱非道路区域的显著性[8]。该方法计算每一个点的线性显著性因子，线性显著性因子越大，表明该点越有可能是道路点。

整体而言，基于多约束(高程约束、反射强度约束、点密度约束等)道路点云提取算法的原理简单，计算复杂度低且易于实现。而基于带状几何特性的道路点云提取算法有稳健的理论基础，但计算量大，实现复杂度高。

1.2.4 城市道路网提取

由于道路点云不具有基本的道路信息，故还需从道路点云中提取道路中线或者轮廓线来表示道路网间的拓扑关系。

Hu 等采用渐进的 Mean Shift 算法对点云进行空间聚类进而提取道路中线[8]。根据道路宽度的不同，设定不同的聚类窗口，可使得所有的道路点云都能收敛于道路中线的位置。

由于许多道路提取方法都基于图像处理技术，故许多学者均采用数学形态学细化算法来提取道路中线[55,60,65]。数学形态学细化算法容易受到路面上地物的影响(如行人、车辆、树木等)，因此若直接从高分辨率图像中提取道路结果会出现偏差。但若直接从低分辨率图像中提取道路，提取精度则因图像分辨率低而降低。为了能兼顾高分辨率图像的高精度以及低分辨率抑噪的特点，徐景中等采用多尺度追踪方法进行道路中线提取[55]。无论是高分辨率图像还是低分辨率图像，采用数学形态学细化算法提取道路中线时都会因非道路区域的存在而生成许多短小的"毛刺"，为能剔除此类"伪道路"，需对道路中线进行长度约束，将不满足条件的线段进行剔除[55,60]。

Zhao 和 You 采用多步长匹配算法进行道路中线的追踪，直线道路部分匹配步长较大，曲线道路部分匹配步长较短[64]。张志伟等采用定步长径向搜索法追踪道路中线[66]。步长一般根据道路等级选择 5~10m。相较于定步长算法，多步长算法更符合实际情况。

Zhao 等首先提出一种半径旋转法来探测道路交叉口，然后将道路在交叉口处进行分离，最后对分离后的道路片段采用最小二乘算法进行中线提取[63]。该方法原理简单、计算量小，但只适用于棋盘式分布的道路，不适用于弯曲程度大的道路区域。

Clode 等提出一种相位圆盘编码（PCD）法，通过对图像做卷积运算，将图像矢量化，最后可直接得到道路的中线、方向及道路宽度[57]。该方法提取结果的精度比较高，但对数据要求比较严格，并且公式原理复杂、计算量大。

除了提取道路中线，还可获取道路轮廓线来表征道路信息。常见的道路轮廓线提取方法有 α-shape 算法和动态轮廓线算法。α-shape 算法通过设置合适的半径 α，可直接处理点云数据，其精度比将点云内插为二维图像然后进行边界提取的方法精度高。但该算法易受噪声点的影响，缺乏鲁棒性。动态轮廓线算法是一种经典的图像边界提取方法，通过内部能量约束边界形状，外部能量引导边界移动，最后可得到较准确的道路边界。

1.2.5 单株植被提取

单木是森林的基本构成单元，其空间结构及相应的植被参数是森林资源调查、生态环境建模研究的关键因子[67]。单木分割，即从 LiDAR 点云中实现单株植被的识别与提取[68,69]。单木分割是植被参数（如空间位置[70]、树高[71]、胸径[72]、冠幅[73,74]等）估测的前提与基础。准确的植被参数估测将为森林资源的可持续经营和精准培育提供定量的数据支持。传统测量通常采用皮尺、卡尺、测高计等对单木进行人工测量。此过程不仅会占用大量的劳动力，而且是十分耗时[75]。LiDAR 技术能够通过获取激光脉冲的后向散射信号来测量树木的三维空间结构。首先从激光 LiDAR 点云中进行单木分割，进而就可以提取空间位置、树高、胸径、冠幅等植被参数[76-78]。然而，目前单木分割，尤其是在植被分布密集区域，依然容易出现过分割或者欠分割的现象。不准确的单株植被提取将严重影响后续的植被参数估测。因此，探索高效的、准确的、普适性强的单木分割方法具有重要的现实意义和生产应用价值。

单木分割方法可以分为两类：一类是基于栅格的单木分割法，一类是基于点的单木分割法[79,80]。

基于栅格的单木分割法，通常需要首先计算获得冠层高度模型（Canopy Height

Model，CHM）。CHM 可由三维点云数据通过内插生成的数字表面模型（Digital Surface Model，DSM）与点云滤波后生成的数字地面模型（Digital Terrain Model，DTM）做差获得[81]。进而可采用二维图像的处理方法，例如局部极大值法、区域生长法及分水岭分割法来实现树顶的探测和单木分割[82,83]。Hyppa 等提出一种区域生长的方法来提取独立树[84]。该方法首先采用低通卷积运算来对 CHM 移除噪声点，然后局部的极高点被选为种子点来实现单木生长。Chen 等提出一种基于标记的分水岭分割方法[85]。在该方法中，首先采用变长窗口从 CHM 中进行树顶探测，然后以树顶作为标记以防止分水岭方法进行单木分割时过分割现象的出现。Mongus 和 Žalik 同样采用基于标记的分水岭分割方法进行单木分割[86]。不同之处在于该方法通过对 CHM 进行局部曲面拟合，以及探测凹邻域来实现树顶标记的获取。Yang 等指出采用内插方法建立的 CHM 往往会丢失植被的三维信息[87]。为有效提高单木分割的精度，该方法将基于标记的分水岭分割法与点云的三维空间分布信息相结合获得了不错的单株植被提取的结果。整体而言，基于栅格的单木分割法具有较高的实现效率，但容易出现过分割或者欠分割的现象。而且，对于多层级覆盖的林地区域，不容易探测林下植被[88]。

基于点的单木分割方法不需要将三维点云数据转化为二维格网数据，而是直接对 LiDAR 点云进行聚类实现单木分割。许多学者利用 Mean Shift 算法来实现单木分割[82,88-90]。Mean Shift 算法又称为均值漂移算法，它是一种核密度估计算法[91]。通过反复迭代寻找模态点，来实现点云聚类。相较于基于栅格的单木分割方法，采用 Mean Shift 进行单木分割需要更多的参数控制，例如核函数的形状、带宽及权重。不同的核函数参数对单木分割的结果影响很大。Ferraz 等采用圆柱形核函数进行单木分割[92]。为了能使同一树冠的点云通过 Mean Shift 向量移动收敛于树冠的顶点位置，该方法将核函数划分为水平域与竖直域。通过设置不同的带宽函数，使得水平核函数能够探测密度的局部极大值，竖直核函数能够探测高度的局部极大值。为了能够将该方法应用于多层级覆盖的热带森林区域，Ferraz 等提出一种自适应的 Mean Shift 单木分割方法[93]。在该方法中，核函数的带宽能够根据异速生长函数自适应调节。Dai 等同样采用 Mean Shift 方法实现单木提取。该方法同时采用空间域和多光谱域来解决欠分割问题[89]。在 Mean Shift 方法中，带宽参数对单木分割的结果影响很大。为获取准确的带宽参数，Chen 等首先对树干进行提取，然后借助树干空间位置信息实现带宽的估测[94]。

除了采用 Mean Shift 方法之外，一些学者基于几何特征来实现单木提取。例如，Li 等提出基于树木间水平间距的方法来实现树木分离[95]。该方法实现的原理在于属于同一棵树的点云相较于属于不同树的点云往往具有更小的水平间距。Zhong 等首先基于八叉树节点的连通性对点云进行空间聚类，然后通过探测局部极大值来实现树干提取[96]。根据提取出来的树干获得初始分割结果，进而采用 N-cut 分割方法进行分割优化。Xu 等提出一种超体素的方法来获取独立树[67]。在该方法中，点云首先进行体素化获得超体素结果，进而依据最小距离原则实现单木提取。虽然，基于点的单木分割方法不需要将三维点云数据转化为二维格网数据，避免了内插误差的引入，但此类方法需要大量的迭代计算，如果点云数据量较大，运算时间会过长。此外，过多的参数设置与调节也不利于此类方法的实现。

整体而言，目前单株植被提取依然面临诸多难点和挑战，例如如何在复杂植被环境区域获取高精度的单木分割结果，如何减少复杂的参数设置提高方法的自动化程度等。针对这些问题，本书提出一种基于迁移学习和高斯混合模型分离的单木分割方法，将迁移学习和高斯混合模型分离进行结合来获取准确的单株植被提取结果。此方法将为后续的植被参数估测提供良好的理论基础。

1.2.6 植被点云枝叶分离

对于大多数采用地面 LiDAR 进行森林资源调查的后处理应用而言，枝叶分离是一个必须实现的前提条件[97,98]。例如，当计算叶面积指数时首先需要将叶子提取出来。枝干的存在将会过高估计叶面积指数为 3% ~ 32%[99]。此外，在计算蓄木量和估测地表生物量时，叶子的存在同样会影响估测结果[100]。因此，在进行后续植被应用处理时需要首先将叶子和枝干准确地分离。然而，枝叶分离依然是一项富有挑战性的工作。尤其是在复杂的森林环境中，准确的枝叶分离依然很难实现。

近十几年来，许多著名的枝叶分离方法相继被提出。根据分离的原理不同，这些方法可以归纳为三类，分别是基于几何特征的方法、基于辐射特征的方法及基于几何特征和辐射特征结合的方法。基于几何特征的方法主要基于叶子和枝干不同的几何特征来实现枝叶分离。一般而言，叶子点云更多地表现为"散点性"，而枝干点云则更多地表现为"线性"或者"曲面性"。这三个显著性几何特征能够通过计算临近点云的协方差矩阵求得[97,101]。因此，许多研究人员采用监督或者非监督学习方法，如支持向量机（SVM）、随机森立（RF）、高斯混合模型（GMM），进行枝叶分离[102-105]。Ma 等提出一种经典的基于显著性特征进行监督学习的方法[104]。在该方法中，首先通过协方差矩阵计算每个点的三类显著性特征。然后，采用高斯混合模型对植被中的光合作用部分和非光合作用部分进行分离。为进一步提高分离精度，该方法采用六个其他的滤波器对分类结果进行进一步的优化。然而，在该方法中协方差矩阵的邻域半径需要人为给定。而如何确定最佳的邻域半径依然是一个未能有效解决的难题。为避免设置邻域半径，Moorthy 等提出一种多尺度的监督学习方法[97]。该方法采用多尺度邻域半径而非固定邻域半径进行局部特征计算，从而获取每个点的多尺度局部特征。实验结果表明，该方法能够获得更好的枝叶分离结果。

除了采用机器学习方法，一些研究人员通过结合最短路径算法来获得更好的枝叶分离结果。例如，Vicari 等提出一种基于最短路径分析和高斯混合模型的自动化枝叶分离方法，实验结果表明这种混合型方法能够对模拟点云数据和实测点云数据分别获得 0.83 和 0.89 的整体精度[101]。Tao 等同样采用最短路径分析方法进行枝干点云提取[106]。该方法首先将点云进行水平切分成小块集合，然后通过进行圆形、线形等几何单元探测并应用最短路径分析来获取枝干骨架点。为实现最短路径分析，首先需要对树木点云建立图形结构[107]。在图形结构中，通常包含节点和边。一般情况下，节点为点云中的各个数据点，而边的权重为节点间的欧氏距离。为实现点云分割，Wang 等进一步地按照三个约束条件对图形结构中的各个边进行修剪，通过获取图形结构中的连通成分来实现点云分割[108]。为获得更具鲁棒性的分割结果，Wang 等对各个分割部分反复调用该分割方法直至获取稳定的分割结果。最后，通过计算各个分割部分的几何特征来实现枝叶分离。类似地，Raumonen 等同样提出一种基于对象的枝叶分离方法[102]。在该方法中，各个分割对象成为覆盖集，通过计算各个覆盖集的几何特征来实现枝叶分离。

与几何特征不同，辐射特征通常是基于反射强度和反射回波信息。根据不同材质具有不同反射强度的特性，一些学者基于反射强度数据来实现枝叶分离[109-111]。但是反射强度不仅与目标物体的材质有关，还与激光发射器与目标物体之间的距离、反射角度及目标物体表面的粗糙程度有关。因此，如何设定一个最佳的枝叶分离反射强度阈值仍然是一个未能解决的问题。除了使用反射强度数据，一些学者尝试基于回波信息进行枝叶分离[112-114]。Danson 等和 Danson 等均尝试使用能发射双波长激光脉冲并能获取全波形信息的地面 LiDAR 设备进行树冠探测[114,115]。Danson 等表明采用此种方式能够获得更准确的树木结构信息[114]。Li 等同样也发现采用双波长的地面 LiDAR 系统能够实现枝叶分离[116]。

为获取更多的叶子和枝干特征的不同，一些研究人员将几何特征和辐射特征结合来进行枝叶分离。Wang 等同时计算各个点的几何特征和辐射特征，并分别采用 4 种不同的机器学习方法（支持向量机、随机森林、高斯混合模型、朴素贝叶斯）进行枝叶分离。实验结果表明随机森立方法能够取得最好的枝叶分离结果[117]。Zhu 等采用 7 种辐射特征和 6 种几何特征进行枝叶分离。辐射特征主要由反射强度信息和 RGB 信息组成，而几何特征则主要由特征值和高程值计算得来。实验结果表明该方法能够取得 84.4%的平均整体精度。此外，Zhu 等通过实验表明相较于固定尺度邻域，采用多尺度邻域能够获得更好的枝叶分离结果[99]。

尽管增加辐射特征能够获得更好的分类结果，但并不是所有的地面 LiDAR 设备能够提供全波形信息。此外，由于反射强度信息受多种信息的影响，反射强度信息通常需要进行校正才能进行处理应用。因此，只采用几何特征进行枝叶分离应该是一种更具鲁棒性的方法。然而，对于大多数的机器学习方法而言，采用几何特征进行枝叶分离存在两方面的问题：一方面是大多数监督学习方法均需要进行样本标记，此过程通常需要大量的时间；另一方面是计算各个点的几何特征往往需要选择合适的邻域半径。不准确的邻域半径往往会导致分类效果较差。尽管采用多尺度邻域能够获得更好的分类结果，但计算多尺度特征往往需要花费成倍的时间。此外，当植被环境较复杂时，现有的方法无法获得良好的枝叶分离结果。

1.3 本书的研究内容

本书针对 LiDAR 点云数据预处理及后处理应用中存在的关键问题，进行深入研究。通过提出新的算法及对传统算法进行改进，建立一套自动化程度高、实现效率快、鲁棒性强、精度高的点云智能处理方法。具体研究内容如下。

(1)基于经验模态分解的点云去噪算法研究。

本书尝试将经验模态分解(EMD)思想应用于机载 LiDAR 点云去噪。EMD 具有多分辨率、数据驱动等特性，能够很好地处理非平稳、非线性数据。同时，结合最大类间方差法(OTSU)自动获取噪声主导的本征模态函数(IMF)的分界点。继而对前 k 个低阶的 IMF 进行软阈值处理，再对所有的经过处理和未经过处理的 IMF 进行重构获取点云各个点的重构高程值，通过计算重构点云高程和原有点云高程间的差值逐步实现对噪声点的自动探测与剔除。

(2)基于渐进克里金插值的形态学滤波改进算法研究。

形态学运算因其便于实现、原理易于理解的特点，一直被广泛应用于点云滤波中。尤其在渐进形态学滤波算法提出来之后，此类型算法的滤波精度得到大幅度提高。但该算法有两个主要缺点：一是需要设定坡度常量，算法缺乏自适应性；二是在大窗口滤波时，不易保留地形特征。为解决以上两个缺点，本书提出一种改进算法。此改进算法实质上是将形态学滤波法与曲面拟合滤波法相结合，坡度阈值可随地形自适应地进行调节，并引入"地形起伏度"减小原有方法在地形凸起区域的误差。最后，采用国际摄影测量与遥感学会发布的检验滤波效果的测试样本对此改进算法进行实验分析，检验所提方法在各种复杂环境下的滤波精度。

(3)基于反射强度阈值提取道路点云的方法研究。

在强度、点密度和连通面积约束条件中，强度约束是决定道路提取结果的主要因素。由于道路区域具有材质一致性，并且与周围临近地面有明显区别，因此道路与周围地面的反射强度会有明显的差异。传统的强度阈值设置方法往往依赖人为经验，这通常会导致所设阈值是在一个近似范围内，很难确定一个最佳的强度阈值，因而不可能获得"纯净的"道路点云。本书将依据偏度平衡算法的思想，做出两个假设：一是纯净的道路点云的强度值呈正态分布；二是由于受到非道路点云强度值的干扰使得整体点云的强度值呈正偏态分布。通过不断去除非道路点云的干扰，使得最终的道路点云的强度值呈正态分布，而此时的强度阈值即为最佳强度阈值，对应的点云即为纯净的道路点云。

(4)城市狭窄道路和"似道路"区域的判别方法研究。

城市区域通常有很多的人行道，以及住宅区域之间的过道、走廊等狭窄道路，此类狭窄道路的存在使得提取的道路网中包含大量的"毛刺"，严重地干扰了城市主干道的正确提取，而现有道路提取算法还难以很好地消除此类干扰。本书将针对此类"毛刺"现象，提出一种基于旋转邻域的狭窄道路判别法，以提高剔除狭窄道路的正确率。此外，城市区域包含很多的"似道路"区域，如停车场、裸地、天井等。这些区域的反射强度和高程都与道路相近，使得从道路中去除这些似道路区域并准确地提取道路中线较困难。为解决此问题，本书根据道路间的拓扑关系，通过计算道路交叉点间的棋盘距离来有效识别似道路区域。

(5)城市道路网多层级融合与优化方法研究。

采用不一样长度的线性结构元素可以提取出多层级的城市道路网。为使得最终提取的城市道路网兼具完整性和抗干扰性，本书分别对道路区域和似道路区域设定不同的优化准则来融合多层级道路中线。对于道路区域，直接进行相邻层级道路中线的叠加融合，再进行形态学闭运算、细化处理等操作来获取融合优化后的道路中线；对于似道路区域，保留长线性结构元素提取的道路中线而去除短线性结构元素提取的道路中线。最后，利用具有不同区域特点的点云数据对所提出的方法进行实验验证。

（6）基于高斯混合模型分离的单株植被提取方法研究。

单木提取是森林资源调查与监测的重要环节。为获得更准确的单木提取结果，本书提出一种基于迁移学习和高斯混合模型分离的单木提取方法。在本书研究中，首先采用迁移学习获取树干点云。进而，以树干点云为基础进行最邻近聚类获取初始分割结果。接着，采用主成分变换和核密度估计来确定初始分割中各部分的混合成分的数目，并基于混合成分的数目来实现高斯混合模型分离获得准确的树冠分离结果。最后，基于竖直连续性原则采用从上至下的方式获取各个树冠所对应的树干点云，实现最终完整的单木提取。本书采用六组不同植被环境下的点云数据进行实验分析。

（7）分形维引导下的多尺度集成学习 LiDAR 点云枝叶分离方法研究。

为提高利用地面 LiDAR 点云进行枝叶分离的有效性及对复杂植被的适应能力，本书通过计算多种特征向量增强枝干和叶片的识别能力。首先，将分形理论应用于枝叶分离中，通过对三维点云数据体素化并采用包围盒法计算各个点的分形维，以反映枝干和叶片不同的形态特征和复杂程度。其次，根据枝干和叶片的生长规则不同，通过计算点云局部法向量与竖直方向夹角的变化幅度，增强枝干和叶片的识别能力。最后，构建邻近点集的协方差张量，通过计算该协方差张量的三个特征值和对应的特征向量，获取几何形态特征向量。为充分利用植被的三维空间信息，获取枝叶点云的多尺度特征向量，并采用集成学习模式获取高精度的枝叶分离结果。

（8）基于模态点演化的 LiDAR 点云枝叶分离方法研究。

为了从地面 LiDAR 点云中对独立树的枝干和叶子正确分类，本书提出一种基于模态点演化的枝叶分离方法。在该方法中，首先采用 Mean Shift 方法获取模态点，利用模态点构造图网络，避免图过度复杂并从点分类转化为段分类，再根据路径回溯结果和节点访问频率，检测枝干种子节点。通过设置三个演化约束条件，演化出所有的枝干节点。最后，将枝干节点对应的分段合并在一起，得到最终的枝干点。

第 2 章　基于 EMD 的点云去噪算法研究

2.1　机载 LiDAR 的数据特点

机载 LiDAR 系统主要由激光扫描仪(Laser Scanner)、全球定位系统(GPS)、惯性导航系统(INS)组成[118]。它的工作原理如图 2.1 所示，激光扫描仪能够主动地向地表发射激光脉冲，并接收来自目标物体的回波信息。同时，全球定位系统能够实时地获取激光扫描仪投影中心的坐标信息。而惯性导航系统则可以获取飞机的瞬时姿态。通过这三部分的有效结合，LiDAR 系统就能够探测目标物体的距离、方位及表面特性。

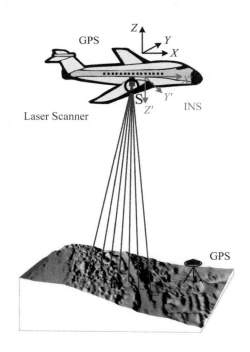

图 2.1　机载 LiDAR 系统工作示意图

LiDAR 是一种主动的测量观测方式，不同于传统的被动式遥感手段，因此它在获取数据的方式及获取数据的特点方面与传统观测手段会有很大的不同。深入认知观测数据是我们进一步开发数据处理算法的基础，因此在介绍相关处理算法前需要对机载 LiDAR 数据特点进行详细的探讨。LiDAR 数据主要为三维坐标数据，同时由于现在大多数 LiDAR 系统配套 CCD 相机，因此还可以同时获取多光谱遥感影像。接下来将针对这两项数据的数据特点进行详细分析。

2.1.1　点云数据特点

1. 离散无规则

LiDAR 系统所获取的点云数据是离散分布的，其分布形式主要与激光扫描仪的扫描方式有关，比如 Z 形扫描、椭圆形扫描、平行线扫描等[119]。对整个区域而言，点云是离散、无规则的。该特性能够更真实地反映地形、地物特征，更充分地表达细节信息。然而由于激光采样点都是随机的，所获取的点云缺乏必要的组织信息。对于百万级甚至千万级的点云数据而言，处理缺乏有效组织方式的点云是非常耗时的。因此，离散点云需要建立有效的点云组织，采取高效的方式进行自动化识别、信息提取等后续处理操作。

2. 易被水体吸收

用于陆地测量的 LiDAR 的脉冲波长一般为 $0.9 \sim 1.6 \mu m$，此区间属于近红外波段，易被水体吸收，致使水体对激光脉冲缺乏后向散射，从而使得点云在水体区域出现信息缺失，表现为大面积的黑色区域[15,30-31]。由于现如今水体多被污染或存在一些飘浮物，使得部分水体区域也会出现部分的稀疏点云。但此类稀疏点云中往往包含由水体的镜面反射或者漫反射而形成的"假点"，若利用此类"假点"对水体缺乏点云区域进行内插，必然引入大量的内插误差从而影响后续操作。因此，在对水体区域进行数据内插时，往往需要先找到水体的边缘，再利用水体边缘点对水体数据空白区域进行内插[120]。

3. 具有多次回波信息

由于 LiDAR 从空中向下发射的激光脉冲往往表现为具有一定大小的光斑，因此在激光脉冲向下传播的过程中当遇到不同高度的反射体会形成多次反射，使得机载

LiDAR 系统发射同一束激光脉冲能够获取多次回波信息，此现象在森林区域尤为明显。当飞机飞经空旷的地面时由于只形成一次反射，故只有一次回波；当飞经森林区域时，激光脉冲首先打到树梢形成第一次回波，脉冲继续向下传播打到树干或者树叶时形成第二次回波，继续向下传播，当到达地面时，形成最后一次回波。因此，对于植被区域该系统一般最少能够获得三次回波数据。但如果森林植被比较密集，激光不能够穿透植被，也有可能只有一次回波数据。此外，建筑物的边缘也能够形成两次回波数据，一次来自屋顶，一次来自地面或者临近低矮建筑物。利用此特性有利于我们对特定地物(树木、建筑物等)进行精细识别[121-127]。

4. 存在数据缺失

由于机载 LiDAR 系统向下发射的激光脉冲往往具有一定的入射角，而位于建筑物背面的区域由于接收不到激光脉冲而会形成数据缺失。另外，在进行大面积扫描时，各航带间往往需要有一定的航带重叠，如果飞机的飞行轨迹不能够严格控制，就会形成扫描漏洞，造成数据缺失。数据缺失会在一定程度上影响数字高程模型及数字地面模型的建立，继而降低后续数据处理操作的精度。因此，对于大面积的数据缺失区域需要进行数据修补(Data Repairing)。

2.1.2 影像数据特点

现在大多数的机载 LiDAR 系统配带 CCD 相机，它不仅可以获得点云数据，还可以观测彩色航空影像。点云数据包含丰富的坐标信息，但缺乏纹理描述，而同时获取的多光谱影像恰好弥补了这一缺点。高分辨率的航空影像可以清晰地显示地物的细节特征，能够更加丰富地反映地物的形状、大小及邻近关系。因此，现如今结合点云与影像数据进行地物识别是研究的热点[128-130]。航空影像的外方位元素往往存在较大的偏差，使得点云和航空影像并不能很好地套合。因此，在利用这两组数据之前需要配准[131-133]。

2.2 点云数据组织方式

现如今三维激光扫描技术进步迅速，不断产生大规模海量点云数据，点云数据组织与管理已成为三维激光扫描技术后续处理应用发展的瓶颈。为加快点云数据处理效率，减小计算机占用内存，就必须采用一种合理有效的数据组织方式对点云进行管理。

现如今通常采用不规则三角网、KD 树、规则格网对点云进行数据组织，本书将首先对以上三种数据进行简要介绍，并着重介绍一种基于虚拟格网构建的点云组织方法，这也是本书在第 3 章进行点云滤波算法实现时所采用的数据组织方法。

2.2.1　不规则三角网

不规则三角网(Triangulated Irregular Network，TIN)为最常用的点云数据组织方式。它是根据点云的密度和位置将区域内有限的点集划分为不同大小和形状的三角形网络。最常见的不规则三角网是狄洛尼三角网(D-TIN)。在此类三角网中，各个三角形的外接圆都不包含其他点，并且各个三角形相互邻接且不重合。利用 D-TIN 进行数据组织具有以下优点：首先，它数据结构简单，具有较高的存储效率；其次，能够适应各种不同密度分布的点云且便于更新；最后，它能够最大限度地维持原始点云的分布状况，便于进一步做数据分析和处理。

2.2.2　KD 树

KD 树是一种高效的数据存储查找方法，它由 Bentley 于 1975 年提出，具有和二叉树一样良好的性能[134,135]。KD 树是 K-Dimension Tree 的缩写，其中 K 表示数据为 K 维空间数据，其实质是二叉树在高维空间的延伸[136]。KD 树的实现方法可简述如下：首先采用超平面将 K 维数据剖分为两部分，其中每个超平面垂直于 K-1 维空间下某条坐标轴。继而再对这两部分子空间继续剖分。一直迭代，直到某一剖分后的子节点中的点数不多于预设点数的最大值。利用 KD 树对 LiDAR 点云进行数据组织，能够快速搜索定位待判点的 K 临近，这样就有利于我们对点云进行局部特性分析，以便于进行滤波、分割聚类等后续处理应用的实现。但 KD 树的主要缺点在于当处理海量数据时，存在剖分深度过大、效率降低的问题。

2.2.3　规则格网

规则格网是最简单且易于实现的点云组织方法。其实质是采用一定的插值算法将离散点云重采样为规则排列的格网点云。这种数据组织方法具有三个优势：首先，这种方法能够简化数据结构、提高计算效率；其次，规则格网能够有效地降低点云数据的密度，从而减小参与计算的数据量，降低计算机占用内存；最后，这种组织方式还可以利用现有的图像运算方法，丰富点云数据的处理手段。但规则格网存在以下问题：第一，对数据缺失区域通常采用内插的方式进行数据填充，容易引入内插误差；第二，对点云进行重采样会破坏原有的数据结构，不可避免地会带来精度损失，影响后续处理精度。

2.2.4 虚拟格网

虚拟格网是以规则格网为基础而建立的，它是对点云在 XY 平面进行格网剖分但不进行内插的数据组织形式。如图 2.2 所示，任何一个点 $P_{(X_k, Y_k)}$ 在格网中的位置可通过式(2.1)计算获得。

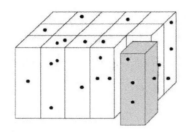

图 2.2　点云 XY 平面划分示意图

$$\begin{cases} X_{id} = \dfrac{X_k - X_{\min}}{\text{cellsize}} \\[2mm] Y_{id} = \dfrac{Y_k - Y_{\min}}{\text{cellsize}} \end{cases} \qquad (2.1)$$

式中，X_k、Y_k 为一点的 XY 坐标；$X_{\min}$ 为点云 X 方向的最小值；$Y_{\min}$ 为点云 Y 方向的最小值；cellsize 为划分格网的边长；X_{id} 和 Y_{id} 为该点在网格中的位置。

为方便检索，每个格网只存储格网内点云的索引号，而不存储坐标数据。点云的索引号 ID 是根据点在原点云中的位置而定义的。例如，点云 P 可以看作 $N \times \text{Dim}$ 的向量，N 是点云的个数，Dim 表示点云的维数。点 $P_{(X_k, Y_k)}$ 若为第 k 个点，那么该点的 ID 就为 k。每个格网 $\text{Grid}(i, j)$ 所存储点云 ID 的集合 $cell\{i, j\}$ 可按下式进行定义：

$$\begin{cases} cell\{i, j\} = \left\{ \text{ID}_k \mid P_{(X_k, Y_k)} \in \text{Grid}(i, j), \begin{array}{l} k = 1, 2, 3, \cdots, N, \\ 1 \leqslant i \leqslant W, 1 \leqslant j \leqslant H \end{array} \right\} \\[2mm] W = \text{ceil}\left(\dfrac{X_{\max} - X_{\min}}{\text{cellsize}} \right) \\[2mm] H = \text{ceil}\left(\dfrac{Y_{\max} - Y_{\min}}{\text{cellsize}} \right) \end{cases} \qquad (2.2)$$

式中，ID_k 为点 $P_{(X_k,\,Y_k)}$ 的索引号；W 为格网的最大行号；H 为格网的最大列号；$\text{ceil}(n)$ 为不小于 n 的最小整数。

值得注意的是，如果格网内点云的个数为零，那么该格网的 ID 存储集合为空，这也是与规则格网不同的地方之一。虚拟格网既避免了规则格网因内插而引起的系统误差，又保留着规则格网组织结构简单、易于实现的特点，同时现有的图像处理方法同样也适用于虚拟格网组织的数据。现如今，基于虚拟格网组织的点云数据处理方法已经有很多，如点云滤波、点云分割等[137-140]。

2.3　基于 EMD 的点云噪声去除算法

2.3.1　噪声点的来源和分类

因仪器自身或者外界环境的影响，机载 LiDAR 系统所获得的点云数据往往包含噪声点[141,142]。这些噪声点通常可分为高位噪声（high outlier）和低位噪声（low outlier），高位噪声通常是由于激光脉冲打到天空中的飞鸟或者低空飞行物形成的，而低位噪声则通常是由于仪器自身或多路径形成的[16]。噪声数据会强烈干扰点云接下来的处理操作，如在对点云按高程进行色彩渲染时，噪声数据所带来的高程最大值或最小值会严重影响点云高程的分层处理，使得渲染结果无法产生强烈的色差对比，影响视觉效果；在进行点云滤波时，通常都假定区域高程最小点为真实地面点，如果存在低位噪声点，其往往会被假定为地面种子点，而使得周围的真实地面点因与其高差过大而被误判为地物点，造成滤波误差过大；在三维建模时，噪声点的存在同样会影响建模的精度与自动化程度。

从图 2.3 中可以发现，噪声点相较于非噪声点通常具备以下特点：

（1）噪声点通常孤立存在，其临近点个数一般较少，即 $\text{Num} < \text{th}_1$，th_1 为点云临近个数阈值，如图 2.3（a）所示；

（2）噪声点高程值与其周围临近点的高程值相比缺乏连续性，易出现高程突变的现象，即 $\delta h = abs(H_{\text{noise}} - H_{\text{non-noise}}) > \text{th}_2$，$\text{th}_2$ 为高差阈值，如图 2.3（b）所示。

以上特性也是现在大多数点云去噪方法实现的基础和依据[19,20]。

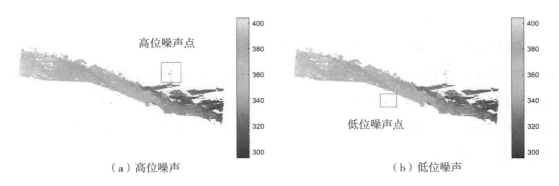

（a）高位噪声　　　　　　　　　　　　　（b）低位噪声

图 2.3　噪声点分布示意图

2.3.2　EMD 的基本原理

经验模态分解（Empirical Mode Decomposition，EMD）是由 Norden E. Huang 于 1998 年提出的[143]。该方法最初是为了精确描述信号频率随时间的变化而提出的直观且自适应好的瞬时频率分析方法[144]。该方法是基于信号本身，将信号分解为一系列数据序列，而这些数据序列通常具有不同的尺度特征。每个数据序列称为本征模态函数（Intrinsic Mode Function，IMF）[145]。分解的结果由若干个 IMF 分量及 1 个残余分量组成，如式（2.3）所示。

$$x(t) = \sum_{i=1}^{n} \mathrm{imf}_i(t) + r_n(t) \qquad (2.3)$$

每个本征模态分量都是平稳的窄带信号，低阶分量与高频信号相对应，高阶分量与低频信号相对应。每个本征模态分量需符合下面两点[143]：

（1）对于全局数据，相较于过零点的个数，极值点的个数要么相等，要么最多相差一个；

（2）对于数据的每一点，上下包络的算数平均值为零。

EMD 往往需要进行逐级分解，而这一分解方式通常叫作"筛分处理"（Sifting Process），其实现流程如图 2.4 所示。

具体步骤如下：

（1）对于任意给定的信号 $x(t)$，获取其所有的极大值点并进行三次样条插值形成上包络 $u(t)$；按照相同的方法，获取信号的所有极小值点并形成下包络 $l(t)$。计算出

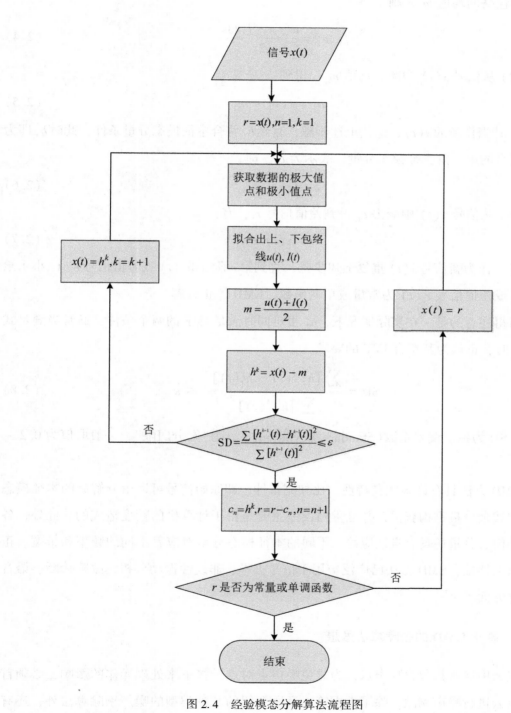

图 2.4　经验模态分解算法流程图

上、下包络的均值 m_1，则

$$m_1 = \frac{u(t) + l(t)}{2} \qquad (2.4)$$

（2）从信号 $x(t)$ 中减去均值 m_1，得到：

$$h_1^1 = x(t) - m_1 \qquad (2.5)$$

将 h_1^1 当作新的 $x(t)$，迭代上述步骤，直到 h_1^i 符合本征模态分量条件，此时 h_1^i 即为原始信号的第一阶本征模态分量，表示为 c_1，即

$$c_1 = \mathrm{imf}_1 = h_1^i \qquad (2.6)$$

（3）从信号 $x(t)$ 中减去 c_1 得到差值信号 r_1，有：

$$r_1 = x(t) - c_1 \qquad (2.7)$$

将 r_1 作为新信号 $x(t)$ 重复上述步骤，直到第 n 阶 $\mathrm{imf}c_n(t)$ 或差值信号 $r_n(t)$ 小于给定值，或差值信号 $r_n(t)$ 为常量或单调函数，EMD 停止分解。

值得注意的是，在实际情况下，h_1^i 很难同时满足 IMF 的两个条件，通常当满足式（2.8）时，也认为其符合 IMF 的要求。

$$\mathrm{SD} = \frac{\sum \left[h_1^{k-1}(t) - h_1^k(t) \right]^2}{\sum \left[h_1^{k-1}(t) \right]^2} \leqslant \varepsilon \qquad (2.8)$$

式中，SD 为标准偏差系数（Standard Deviation）；ε 为"筛分门限"，一般取值为 0.2 ~ 0.3。

EMD 方法具有许多优良特性，比如完备性，即原始信号可以由分解后的本征模态分量和残余分量重构获得，并且重构误差主要是由于计算机的精度造成的。此外，各个本征模态分量还具有自适应性，不同的本征模态分量对应着不同的频率和带宽。正由于以上特性，EMD 方法已广泛应用于信号去噪、非线性振动分析、故障诊断、语音增强等方面[148-153]。

2.3.3　基于 EMD 的去噪算法思想

点云中通常都包含噪声点，为避免噪声点对点云接下来处理操作的影响，必须首先对点云进行噪声剔除。除了本书第 1 章所介绍的几种类型的噪声剔除算法外，还有一类是从频率域角度进行噪声剔除[154-157]。此类型算法通常采用傅里叶变换或者小波变换将点云信号转换到时间-频率域，然后设定滤波函数识别突变信号，进而剔除噪

声点。一般而言，傅里叶变换仅适用于处理平稳信号，而 LiDAR 点云数据通常为非平稳非线性的，此时傅里叶变换因不具有局部的时频分析能力而难以找到此类信号的真实频谱分布，也就难以进行噪声剔除；而小波变换恰恰相反，拥有良好的局部时频分析能力。通过选择合适的小波基，对原始信号进行不同尺度的分解，再采用一定的阈值方法约束不同尺度的小波系数，继而用阈值约束后的小波系数重构原始信号，获得原始信号的最优估计。然而小波变换去噪算法的关键在于小波基的选择，通常需要根据实际情况选择合适的小波基，这就大大降低了小波去噪算法的自适应性。

EMD 方法具有与小波相似的多分辨率特性，但该方法是基于信号自身的数据特征进行分解的，不需要依据信号的先验知识预设基函数，因此 EMD 是一种数据驱动型方法。因其良好的自适应性，使得 EMD 方法能够很好地分析处理非线性、非平稳信号。而点云数据往往是非线性和非平稳的，故若将点云转换为二维信号数据，经 EMD 分解后可以获得若干个不同频率的本征模态分量，其中低阶本征模态分量为高频部分，通常包含信号的尖锐部分和噪声；而高阶本征模态分量为低频部分，通常表现为信号的整体趋势，受噪声的影响相对较小。那么自然存在某个分界点 k，使得前面 k 个本征模态分量以噪声信号为主，而后续高阶本征模态分量以纯净信号为主。通过寻找分解点 k，对前 k 个本征模态分量进行阈值处理，然后利用所有的模态分量进行重构就可以获得噪声去除后的信号。

设定不包含噪声的数据为 $y(t)$，噪声数据为 $n(t)$，包含噪声数据为 $x(t)$，则

$$x(t) = y(t) + n(t) \tag{2.9}$$

数据 $x(t)$ 经 EMD 分解后获取 n 个本征模态分量，然后按照一定的方法获取噪声主导的本征模态分量的分界点 k，并对前 k 个低阶本征模态分量采用阈值约束，再与所有的高阶本征模态分量一起重构原有信号，结果表示为

$$\hat{y}(t) = \sum_{i=1}^{k} \text{imf}_i' + \sum_{i=k+1}^{n} \text{imf}_i + r_n \tag{2.10}$$

一般而言，期望重构误差能够达到最小，即

$$\delta = abs(y(t) - \hat{y}(t)) = \min \tag{2.11}$$

在对低阶本征模态分量进行阈值处理时，所采取的阈值处理方法与小波阈值处理相似，即软阈值处理与硬阈值处理：

软阈值：
$$\hat{W}_{j,k} = \begin{cases} \text{sign}(W_{j,k})(|W_{j,k}| - \text{th}), & |W_{j,k}| \geq \text{th} \\ 0, & |W_{j,k}| < \text{th} \end{cases} \tag{2.12}$$

硬阈值：
$$\hat{W}_{j,k} = \begin{cases} W_{j,k}, & |W_{j,k}| \geqslant \text{th} \\ 0, & |W_{j,k}| < \text{th} \end{cases} \tag{2.13}$$

式中，$W_{j,k}$ 为小波系数，对应于 IMF 分量的 $\text{imf}_j(k)$；$\text{sign}(\cdot)$ 为符号函数；th 为阈值，在第 j 层 th 一般可取为 $\sigma_j\sqrt{2\ln N}$。σ_j 是噪声在第 j 层的标准差，可用 $\sigma_j = \text{median}/0.6745$ 进行估计；median 为第 j 层小波系数的绝对中值；N 为信号长度。所以，可采用下式计算阈值 th 约束前 k 阶本征模态分量：

$$\text{th} = \sigma_j\sqrt{2\ln N} = \frac{\text{median}(\text{abs}(\text{imf}_j))}{0.6745} \cdot \sqrt{2\ln N} \tag{2.14}$$

2.3.4 最大类间方差法确定噪声主导模态分界点

在 EMD 去噪算法中，最关键之处在于确定噪声主导模态的分界点，以便接下来对其进行阈值约束。本书提出一种基于最大类间方差法的自动获取噪声主导模态分界点的方法。

最大类间方差法是由日本学者大津(Nobuyuki Otsu)在 1979 年提出来的，通常又简称为 OTSU 法。它是在判决分析最小二乘原理的基础上进一步推导得出的自动选择阈值的二值化方法[158]。这种方法主要用于图像分割，它是根据图像灰度特性，将其分为前景类及背景类。两类的类间方差越大，说明类的差别越大，错分的概率也就越小。因此，当两类的类间方差最大时，错分的概率也就最小，此时的分割阈值也就是最佳分割阈值[159]。

本书采用类似的思想来获取噪声主导模态的分界点。由前文所述，信号经 EMD 分解可得 n 个本征模态分量和 1 个残余分量，而这 n 个本征模态分量中有 k 个噪声主导的模态分量，有 $n-k$ 个信号主导的模态分量。本书假设这 k 个噪声主导的模态分量和残余分量组成信号的"前景"类，即

$$\psi(t) = \sum_{i=1}^{k} \text{imf}_i + r_n \tag{2.15}$$

后 $n-k$ 个模态分量和残余分量组成信号的"背景"类，即

$$\zeta(t) = \sum_{i=k+1}^{n} \text{imf}_i + r_n \tag{2.16}$$

设前景类的概率为 ω_1，均值为 μ_1，背景类的概率为 ω_2，均值为 μ_2，而信号整体的均值为 μ，则

$$\omega_1 = \frac{k}{n}$$

$$\mu_1 = \frac{\psi(t)}{N}$$

$$\omega_2 = \frac{n-k}{n} \qquad (2.17)$$

$$\mu_2 = \frac{\zeta(t)}{N}$$

$$\mu = \omega_1 \mu_1 + \omega_2 \mu_2$$

由最大类间方差算法思想可知，当前景类和背景类之间的方差最大时，两类错分的概率最小，而此时的分割阈值 k 即为噪声主导模态的最佳分界点。分界点 k 用公式表示，即

$$k = \underset{1 \leqslant k \leqslant n}{\mathrm{argmax}}(\sigma^2(k))$$
$$\sigma^2(k) = \omega_1(\mu_1 - \mu)^2 + \omega_2(\mu_2 - \mu)^2 \qquad (2.18)$$

2.3.5 形态学方法获取数据的上下包络

运用 EMD 进行数据分解时，另一关键点在于如何获取数据的上包络和下包络。对于一维数据，可首先获取局部极大极小值，然后采用三次样条函数插值拟合计算得到。但点云是三维数据，三次样条内插算法不再适用。本书采用如下方法来获取点云数据的上包络和下包络。

首先将点云数据转化为二维格网数据，数据大小为 $N \times M$，N 为行数，M 为列数；然后对该二维格网数据进行形态学膨胀运算，将其结果作为数据的上包络 $u(x, y)$；再对该二维格网数据进行形态学腐蚀运算，将其结果作为数据的下包络 $l(x, y)$。形态学膨胀运算即是取一点邻域内所有点高程的最大值作为该点新的高程值，而腐蚀运算是取一点邻域内所有点高程的最小值作为该点新的高程值。

2.3.6 基于 EMD 点云去噪算法的实现步骤

步骤 1：将点云 (x, y, z) 变换为二维格网数据 $p(x, y)$，并保留映射关系 R。

步骤 2：对 $p(x, y)$ 采用 EMD 分解，每次分解时采用形态学膨胀运算和腐蚀运算获取数据的上包络 $u(x, y)$ 和下包络 $l(x, y)$。分解得到 n 个本征模态分量和 1 个残余分量。

步骤 3：采用最大类间方差法的思想确定噪声主导模态的分界点 k。

步骤 4：对前 k 个低阶本征模态分量采用软阈值约束，获取去噪后的各分量 imf_1', $\cdots$, imf_k'。

步骤 5：用所有的本征模态分量和残余分量进行重构，获得数据 $p'(x, y)$，并按照步骤 1 中的映射关系 R，获得重构后的点云数据 (x, y, z')。

步骤 6：对点云数据中的各个点按式 (2.19) 判断，若满足条件，则将该点判定为噪声点并进行剔除。

$$S = \{p \mid abs(z(p) - z'(p)) > \mathrm{th}_1 \, \&\& \, \mathrm{Num}(abs(z(p) - z(p_i)) < \mathrm{th}_2) < \mathrm{th}_3\}$$

$$(2.19)$$

式中，S 为噪声点集；p 为待判定点；$z(p)$ 为该点原有高程值；$z'(p)$ 为该点重构后新的高程值；th_1 为噪声点高差阈值，一般取值为 5m；$abs(z(p) - z'(p)) > \mathrm{th}_1$ 为噪声点重构前后高程变化量要大于阈值；p_i 为点云中的任意一点；th_2 为临近点高差阈值，一般取值为 1m；$\mathrm{Num}(\cdot)$ 为满足条件点的个数；th_3 为临近点个数阈值，一般取值为 3；$\mathrm{Num}(abs(z(p) - z(p_i)) < \mathrm{th}_2) < \mathrm{th}_3$ 为噪声点，一般为孤点，其临近点个数应小于阈值。

2.4　实验分析与对比

本书采用三个具有不同地形特征的区域点云数据进行实验分析。第一个数据集 (sample1) 涵盖了不同的土地利用和土地覆盖类型，包括住宅、道路、森林和农田，如图 2.5 (a) 所示。第二个数据集 (sample2) 以建筑物为主，包括低层建筑和高层建筑，如图 2.6 (a) 所示。第三个数据集 (sample3) 以山脉和森林为主，还包括河流和湖泊，如图 2.7 (a) 所示。

为了测试所提方法的有效性，本书从三个数据集中选取去噪前数字表面模型 (DSM) 的三个水平剖面，如图 2.5 (b)、图 2.6 (b) 和图 2.7 (b) 所示。从这三个一维的剖面中，我们可以发现与邻近点相比，高位噪声点与低位噪声点都具有高程突变。此外，这些异常点通常是离散分布的。采用本书所提的方法进行去噪处理，结果如图 2.5 (c)、图 2.6 (c) 和图 2.7 (c) 所示。从图中可以看出，三个去噪后的水平剖面能够在保护地形细节的同时，有效地去除高位噪声点与低位噪声点。

（a）sample1点云数据

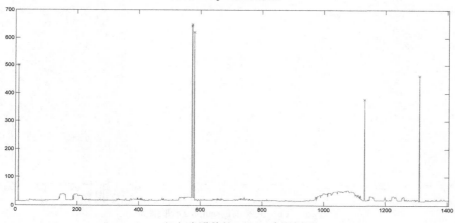

（b）去噪前的sample1水平剖面

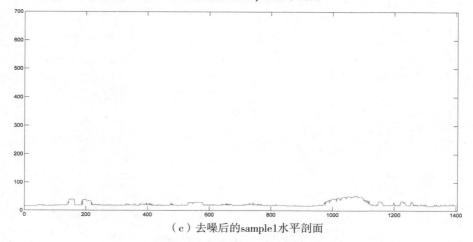

（c）去噪后的sample1水平剖面

图 2.5　sample1 点云数据实验分析

（a）sample2点云数据

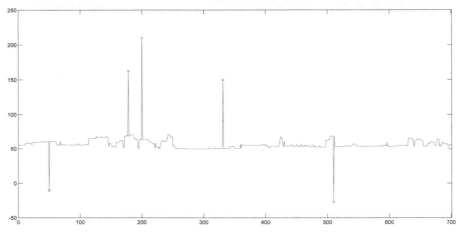

（b）去噪前的sample2水平剖面

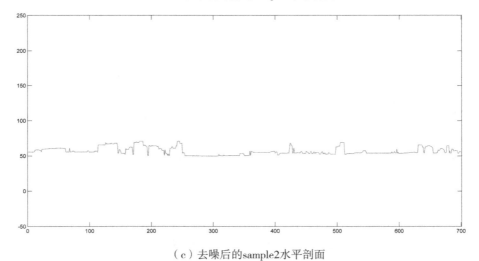

（c）去噪后的sample2水平剖面

图 2.6　sample2 点云数据实验分析

（a）sample3点云数据

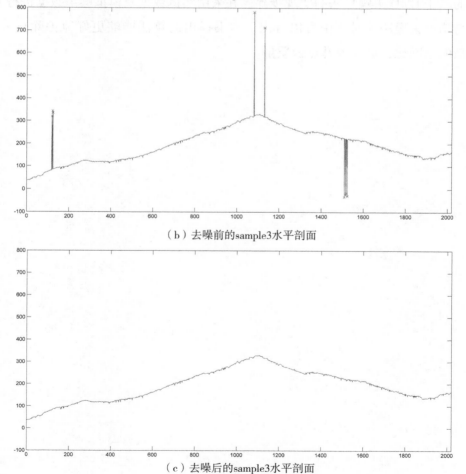

（b）去噪前的sample3水平剖面

（c）去噪后的sample3水平剖面

图 2.7　sample3 点云数据实验分析

2.5 本章小结

本章首先阐述了点云及影像的数据特征。针对点云的数据特点，介绍了不规则三角网、KD 树、规则格网等常用的点云数据组织方式，并着重介绍了基于虚拟格网构建的点云组织法的原理及具体实现方法。在此基础上，本书首次将 EMD 方法应用于机载 LiDAR 点云去噪中，提出一种基于 EMD 的点云噪声去除算法。然后，详细介绍了 EMD 算法的原理及所提出的去噪算法的基本思想，进而介绍了如何采用最大类间方差法获取噪声主导模态分量的分界点。为了便于获取三维点云数据的上下包络，采用形态学膨胀运算和腐蚀运算分别获取每层迭代数据中的上包络和下包络。本章最后给出了具体的基于 EMD 去噪算法的实现步骤，并采用实例数据及模拟噪声数据进行实验分析。在与均值去噪法的对比中可以看出，本书提出的算法能够更好地去除点云噪声，获得更高的信噪比，进而提升点云质量。

第3章 基于渐进克里金插值的形态学
滤波改进算法研究

点云预处理(数据组织及点云去噪)完成后,道路提取非常关键的一步便是要进行点云滤波获取地面点。这是因为道路点云通常包含于地面点云中,只有地面点云提取准确了,道路点云提取、道路中线提取等后续操作才会真实、可靠,否则会形成误差传递和累积。现在点云滤波算法有很多,比如基于坡度的点云滤波法[47,160-162]、基于曲面拟合的点云滤波法[3,163-165]、基于聚类分割的点云滤波法[166-168]等。基于坡度的点云滤波法往往只能在地形平缓的区域取得好的滤波效果,而且算法滤波结果过分依赖坡度阈值的设置。基于曲面拟合的点云滤波法虽能取得较好的滤波结果,但此类算法往往需要经过多次迭代运算,从而无法兼顾滤波精度与滤波效率。基于聚类分割的点云滤波法的滤波效果往往依赖点云分割的结果,如果聚类分割的结果存在误差,将会严重干扰后续点云滤波的效果。形态学滤波法由于其原理简单、实现效率较高,因而被广泛应用于点云滤波。但传统的形态学滤波法一般在地形起伏较小的区域滤波精度高,而在地形坡度变化较大区域滤波表现较差。为了减小传统形态学滤波法在地形凸起区域的拒真误差(omission error),增强其在各种复杂地形环境下的适应性,本书结合渐进克里金插值提出一种形态学滤波改进算法,并对其有效性进行分析和验证。

3.1 传统形态学滤波算法的原理

数学形态学方法最初是由 Lindenberger(1993)引入机载 LiDAR 点云滤波中。该方法首先应用形态学开运算过滤剖面数据,然后采用自回归方式对上步结果进行改进[28]。之后又有许多专家学者对其进行了深入的研究和扩展,均取得了较好的点云滤波结果[52,169-175]。

数学形态学方法主要包括两种运算,分别是开运算及闭运算。两种运算都由膨胀和腐蚀两种基本运算组成。对于机载 LiDAR 点云滤波来说,膨胀运算即取滤波窗口内点云高程的最大值作为该点新的高程值，公式定义如下：

$$[\delta_B(f)](x, y) = \max\{f(x+i, y+i) \mid i, j \in [-w, w]; (x+i), (y+i) \in D_f\}$$
$$(3.1)$$

式中，B 为结构元素，结构元素的大小为 $(2w+1) \times (2w+1)$；D_f 为 f 的取值范围。

腐蚀运算则是取滤波窗口内点云高程的最小值作为该点新的高程值，公式定义如下：

$$[\varepsilon_B(f)](x, y) = \min\{f(x+i, y+i) \mid i, j \in [-w, w]; (x+i), (y+i) \in D_f\}$$
$$(3.2)$$

开运算是先腐蚀后膨胀，闭运算则是先膨胀后腐蚀，公式表示如下：

$$\begin{cases} \gamma_B(f) = \delta_B[\varepsilon_B(f)] \\ \beta_B(f) = \varepsilon_B[\delta_B(f)] \end{cases}$$
$$(3.3)$$

通常采用形态学开运算来实现地面点云提取。图 3.1(a) 为一模拟地形，包含起伏的地面、高大建筑物及小的地形凸起。首先对该区域地形进行腐蚀运算，腐蚀运算即是取邻域内点云高程的最小值作为一点新的高程值，而邻域内的最低点通常为地面点，因此区域内的高大建筑物及地形凸起会被剔除。然而部分地面点因地形起伏也会被剔除掉，腐蚀运算结果如图 3.1(b) 所示。接着对腐蚀运算后的结果进行膨胀运算，可以发现除了高大建筑和地形凸起之外，被腐蚀掉的地面点得到有效的还原，如图 3.1(c) 所示。然后按照式 (3.4)，用原有的点云高程值与形态学开运算后的高程值作差，通过设置滤波阈值 T，将差值 dH 大于阈值的点（建筑物）判定为地物点并进行剔除，将差值 dH 小于阈值的点（地形凸起）判定为地面点并进行保留，如图 3.1(d) 所示。

$$dH = f - \delta_B[\varepsilon_B(f)]$$
$$(3.4)$$

通过以上示例可以发现，形态学开运算通常可以有效将小于结构元素尺寸的非地面点进行剔除，但在现实中往往有面积很大的大型建筑物，如图 3.2(a) 所示，此时再对其按照原有结构元素进行形态学开运算并进行滤波判断，会发现建筑物的部分区域未能得到有效剔除，如图 3.2(b) 所示。由此可见，结构元素的尺寸严重影响形态学滤波算法的处理结果。

为了既能滤除大尺寸的建筑物，又能滤除小尺寸的地物（汽车、树木等），Zhang 等提出一种经典的渐进形态学滤波算法，滤波结构元素的尺寸从小到大变化，高差阈值也随着结构元素大小的变化而变化，小的结构元素滤除小的地物，大的结构元素滤

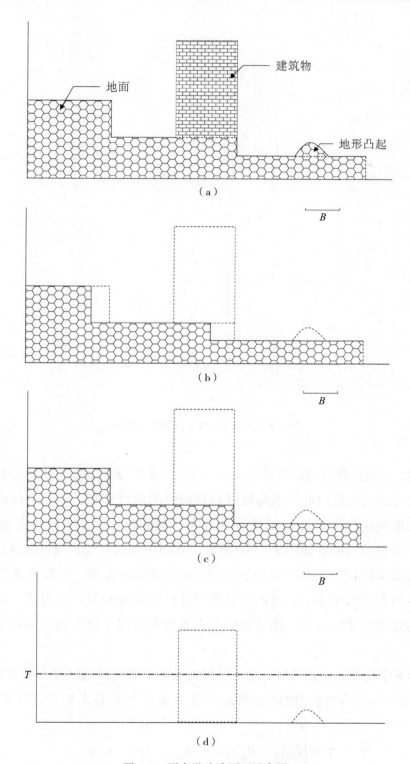

图 3.1   形态学滤波原理示意图

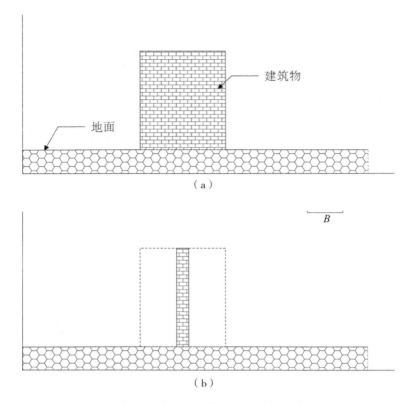

图 3.2　大型建筑物无法剔除示意图

除大的地物，一直迭代直到滤波结构元素尺寸大小等于预先设置的最大尺寸[29]。

　　该方法对于大多数地形区域都可以获得较好的滤波结果，但在有局部较大凸起的区域容易造成误判。图 3.3(a)为存在较大凸起的地形，在结构元素为 B_k 时，形态学开运算处理后的结果如图 3.3(b)所示。从图中可以发现，建筑物 B 以及小的地形凸起 C 在高差阈值为 T 时可以分别得到有效的剔除和保留，但较大地形凸起 A 却被误判为地物点而被滤除了，由此导致最终滤波结果的拒真误差过大。由此可以看出，当结构元素尺寸较大时，传统的形态学滤波容易削平地形而不能有效地保护地形细节。

　　传统形态学滤波法存在的另一个主要问题是需要假定区域坡度为一常量来计算滤波阈值 T。在 Zhang 等所提出的滤波算法[29]中，阈值 T 按式(3.5)进行计算。

$$T = \begin{cases} dh_0, & \text{if } B_k \leqslant 3 \\ s(B_k - B_{k-1})c + dh_0, & \text{if } B_k > 3 \\ dh_{\max}, & \text{if } T > dh_{\max} \end{cases} \quad (3.5)$$

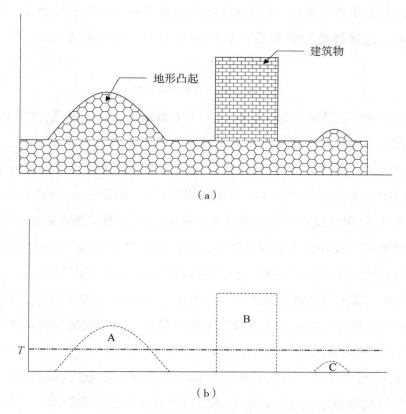

图 3.3　存在地形凸起区域滤波示意图

式中，B_k 为第 k 次迭代结构元素的尺寸大小；c 为格网尺寸；dh_0 为起始高差阈值；s 为坡度；dh_{max} 为最大高差阈值。

在 Zhang 等的方法中，坡度 s 通常假定为常量。这对于地形起伏较大区域明显是不合理的。因此，传统形态学滤波法一般在地形较平坦的区域滤波效果较好，而在地形坡度变化较大区域滤波表现较差。为了减小传统形态学滤波法在地形凸起区域的拒真误差，增强其在各种复杂地形环境的适应性，本书提出一种基于渐进克里金插值的形态学滤波改进算法(Multi-Level Kriging Interpolation，MLKI)。

3.2　MLKI 算法的改进原理

通过观察分析图 3.3(a)中的地形可以发现，地形凸起与建筑物虽然都存在高程突变，但就该区域整体而言，在地形凸起区域是存在地形起伏度的，而在建筑物区域的地形起伏度往往很小或者为 0。地形起伏度是指就该局部区域整体而言，存在地形隆起迹象，一般可通过将地形膨胀运算后的结果与原有地形做差获得[176]，公式定义如下：

$$\partial \mathrm{DTM} = \delta_B(\mathrm{DTM}) - \mathrm{DTM} \tag{3.6}$$

式中，$\partial\mathrm{DTM}$ 为地形起伏度；$\delta_B(\mathrm{DTM})$ 为对原有地形进行膨胀运算；结构元素 B 一般可选为最小尺寸 3×3。

观察上式可知，要计算出地形起伏度，首先要获取地形曲面，即拟合 DTM。拟合 DTM 可通过对该区域的结构元素 B 下选取局部最低点（地面种子点）进行克里金插值而获得，如图 3.4（a）中虚线段所示。选择克里金插值法的原因是当地面种子点较少时，该方法往往能够获得较好的插值拟合效果，所获得的拟合 DTM 也会与实际 DTM 较契合。图 3.4（a）中的圆点为地面种子点。然后对该地形曲面进行膨胀运算，并按式（3.6）计算获取局部区域的地形起伏度，如图 3.4（b）中虚线矩形所示。最后用图 3.3（b）中形态学开运算前后的高程之差减去地形起伏度，在相同高差阈值 T 的情况下可获得图 3.4（c）中的滤波结果。

从图 3.4（c）可以看出，相较于图 3.3（b）中同一地形凸起，误判区域 A 要明显减小许多，而建筑物 B 和小的地形凸起 C 依然得到有效的滤除和保留，从而可以看出本书所提出的方法在保留原有形态学滤波算法滤波效果的同时，可以有效地减小对地形凸起区域的误判，最大可能地保留原有的地形信息。

为了增强滤波算法在各种复杂地形区域的适用性，本书采用新的方法对原算法中将地形坡度 s 假定为常量进行改进。按照式（3.7）~式（3.9）可自适应地计算出不同层级的拟合 DTM 所对应的局部地形坡度。

$$s(i,j) = \sqrt{\left(\frac{\partial z}{\partial x}\right)^2 + \left(\frac{\partial z}{\partial y}\right)^2} + s_c \tag{3.7}$$

$$\frac{\partial z}{\partial x} = \frac{z_{i,j+1} - z_{i,j-1}}{2c} \tag{3.8}$$

$$\frac{\partial z}{\partial y} = \frac{z_{i+1,j} - z_{i-1,j}}{2c} \tag{3.9}$$

式中，$s(i,j)$ 为格网 (i,j) 处的地形坡度；i 为行号；j 为列号；s_c 为地形增益，通常设置为常量；$z_{i,j+1}$、$z_{i,j-1}$、$z_{i+1,j}$ 和 $z_{i-1,j}$ 分别为各个格网在拟合 DTM 中所对应的高程值。

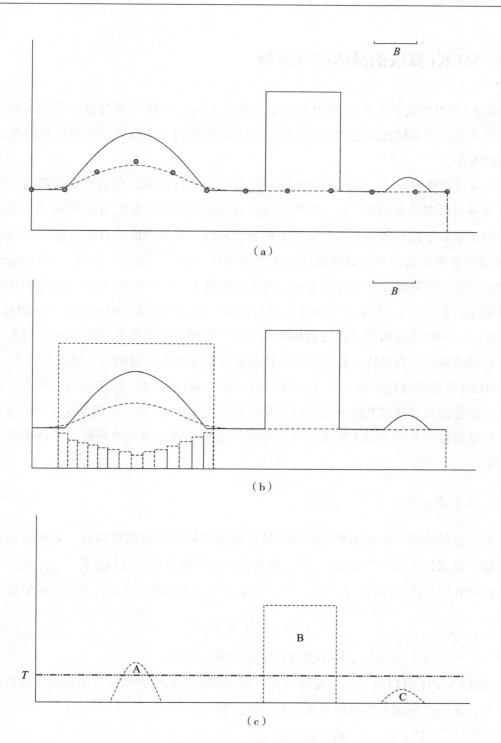

（a）

（b）

（c）

图 3.4　改进算法原理示意图

3.3　MLKI 算法的具体实现步骤

MLKI 算法的滤波结构元素由大变小变化，不同的结构元素对应于不同层级。该算法实质是一种多层级渐进的滤波方法，最大滤波结构元素应大于滤波区域的最大建筑物的大小。

首先设定格网尺寸，采用虚拟格网方式对点云进行组织。然后根据当前滤波结构元素 B 进行形态学开运算，并计算该层级开运算前后的高差变化 dH；同时获取当前滤波结构元素 B 下的最低点并进行克里金内插，获取该层级的拟合 DTM。然后对该拟合 DTM 进行膨胀运算，获取局部地形起伏度 ∂DTM。最后，计算高差 dH 与地形起伏度 ∂DTM 之差，看是否大于当前层级对应的高差阈值 T，若大于 T，则判定为非地面点并进行剔除；若小于 T，则判定为地面点进行保留。该层级滤波完成后，滤波结构元素 B 尺寸减小，同时高差阈值 T 也进行相应的变化，将滤波结果重新进行格网划分并进入下一层级滤波。一直迭代，直到滤波结构元素 B 小于预先设置的最小滤波尺寸 $B_{\min}$。

MLKI 算法具体包括以下 5 个步骤：点云虚拟格网组织、点云去噪、形态学开运算、克里金插值及滤波判断。其中前三步已分别在 2.2 节、2.3 节以及 3.1 节中进行阐述，此处将着重介绍 MLKI 算法的最后两步：克里金插值和滤波判断。具体流程如图3.5 所示。

1. 克里金插值

克里金插值是一种利用区域已知变量数据及变异函数的结构特点，来对待定点进行无偏、最优估计的一种方法[177-179]。设待定点 p 四周有 n 个已知采样点 p_1，p_2，$\cdots$，p_n，对应值为 $f(p_i)(i = 1, 2, \cdots, n)$，则普通克里金插值法对该待定点 p 的估值为

$$f^*(p) = \sum_{i=1}^{n} \lambda_i f(p_i) \tag{3.10}$$

式中，λ_i 为权重，表示每个样本值对待定点的重要程度。

由式(3.10)可以看出，只要知道 λ_i，便可求出未知点的估值。由克里金插值的定义可知，该方法应满足无偏性及方差最小性，即

$$\begin{cases} E(f^*(p)) = E(f(p)) \\ \sigma^2 = E\left(f(p) - f^*(p)\right)^2 = E\left(f(p) - \sum_{i=1}^{n} \lambda_i f(p_i)\right)^2 = \min \end{cases} \tag{3.11}$$

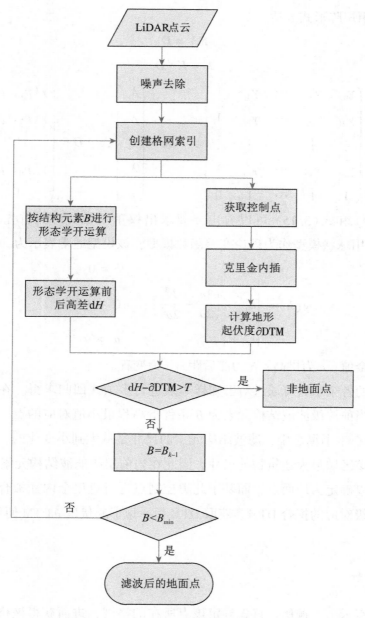

图 3.5　MLKI 算法流程图

采用拉格朗日乘数法可以推出用变异函数表示的普通克里金方程组：

$$
\begin{cases}
\displaystyle\sum_{j=1}^{n} \lambda_j \gamma(p_i,\ p_j) + \mu = \gamma(p_i,\ p) \\[2mm]
\displaystyle\sum_{i=1}^{n} \lambda_i = 1
\end{cases}
\tag{3.12}
$$

上式也可用矩阵形式表达：

$$K\lambda = D \tag{3.13}$$

$$\lambda = K^{-1}D \tag{3.14}$$

$$K = \begin{pmatrix} \gamma_{11} & \gamma_{12} & \cdots & \gamma_{1n} & 1 \\ \gamma_{21} & \gamma_{22} & \cdots & \gamma_{2n} & 1 \\ \vdots & \vdots & & \vdots & \vdots \\ \gamma_{n1} & \gamma_{n2} & \cdots & \gamma_{nn} & 1 \\ 1 & 1 & \cdots & 1 & 0 \end{pmatrix}, \quad \lambda = \begin{pmatrix} \lambda_1 \\ \lambda_2 \\ \vdots \\ \lambda_n \\ \mu \end{pmatrix}, \quad D = \begin{pmatrix} \gamma(p_1, p) \\ \gamma(p_2, p) \\ \vdots \\ \gamma(p_n, p) \\ 1 \end{pmatrix} \tag{3.15}$$

从式(3.14)和式(3.15)可以看出，要求出权重系数 λ，需首先求得变异函数 $\gamma(h)$。本书选用球状模型作为理论变差函数模型，该模型通常表示为

$$\gamma(h) = \begin{cases} 0, & h = 0 \\ c_0 + c\left(\dfrac{3h}{2a} - \dfrac{h^3}{2a^3}\right), & 0 < h \leq a \\ c_0 + c, & h > a \end{cases} \tag{3.16}$$

式中，c_0 为块金值；c 为拱高；h 为滞后距；a 为变程。

球状模型的各个系数可通过对已知样本点进行多项式回归求得。在本书中，已知样本点即为在当前层级滤波结构元素为 B 条件下高程最小值对应的点，也可称之为控制点[18]。由于在本书算法中，滤波结构元素的尺寸是从大到小变化的，而且最大滤波结构元素大于该区域最大建筑物的尺寸，因此在当前层级滤波结构元素为 B 条件下获取的控制点可以确定为地面点，而基于此类控制点进行克里金内插拟合出的曲面可以确定为当前层级对应的拟合 DTM。获取 DTM 后，地形起伏度 ∂DTM 便可通过式(3.6)计算得到。

2. 滤波判断

对每层级点云一一遍历。首先确定该点所在的格网，进而获得该格网对应的地面起伏度 ∂DTM，以及该点形态学开运算前后高差变化 dH，并按照公式(3.7)计算出该层级对应的地形坡度，进而计算出高差阈值 T。此时，对原滤波判断公式(3.4)进行修正，按照公式(3.17)计算差值结果。若 dH 与 ∂DTM 之间的差值大于该层级高差阈值 T，则将该点判定为地物点并剔除，否则，判定为地面点并保留。保留的地面点则进入下一层级进行处理。

$$d\hat{H} = dH - \partial DTM = f - \delta_B[\varepsilon_B(f)] - \partial DTM \tag{3.17}$$

3.4　实验分析与对比

3.4.1　实验数据

为检验本书提出的改进算法的滤波效果，选用国际摄影测量与遥感学会（ISPRS）发布的 15 组机载 LiDAR 点云样本进行实验。这 15 组样本数据由 Optech ALTM 扫描仪获取，分别位于 Vaihingen/Enz 测试场和 Stuttgart 市中心的 7 个场景，其中 4 个位于城市区域，3 个位于森林区域，点间距分别为 1~1.5m（样本 S12~S42）和 2~3.5m（样本 S51~S71）。样本区域存在多种复杂地形，如陡坡、不连续地形等，还包含各种地物，如大面积建筑物、低矮植被等[16]。详细的样本数据特点如表 3.1 所示。每一组样本数据都经过准确的人工分类，并对每一个点进行类别标记，如图 3.6 所示，图中蓝色点表示真实地面点，红色点表示真实地物点。

表 3.1　样本数据特征[17]

位置	场景	样本	特　　征
城市区域	1	11	陡坡、在山坡上混杂植被与房屋、数据空白
		12	
	2	21	多种尺寸和形状的建筑物、不规则建筑物、道路网、桥梁、隧道、数据空白
		22	
		23	
		24	
	3	31	植被环绕的复杂建筑、高低混杂的地物
	4	41	带火车的火车站(低密度地面)、数据空白
		42	
森林区域	5	51	带植被的陡坡、不连续地形、河岸植被、数据空白
		52	
		53	
		54	
	6	61	道路、路堤、建筑物、数据空白
	7	71	道路、路堤、桥梁、地下通道

（a）　　　　　　　　　　　　　　（b）

图 3.6　样本点云示意图

3.4.2　滤波质量评价体系

本书采用以下四类指标进行点云滤波质量评价，分别为Ⅰ类误差（Type Ⅰ error）、Ⅱ类误差（Type Ⅱ error）、总误差（Total error），以及 κ 系数。四类指标可按表 3.2 和式（3.18）~式（3.23）进行计算。

表 3.2　评价指标计算表

		滤波数据		
		地面点	非地面点	
参考数据	地面点	a	b	$e=a+b$
	非地面点	c	d	$f=c+d$
		$g=a+c$	$h=b+d$	$n=a+b+c+d$

Ⅰ类误差：

$$\text{Type Ⅰ} = \frac{b}{e} \times 100\%$$ 　　　　　（3.18）

Ⅱ类误差：

$$\text{Type Ⅱ} = \frac{c}{f} \times 100\%$$ 　　　　　（3.19）

总误差：

$$\text{Total} = \frac{b+c}{n} \times 100\%$$ 　　　　　（3.20）

κ 系数:

$$P_0 = \frac{a + d}{n} \qquad (3.21)$$

$$P_e = \frac{e}{n} \cdot \frac{g}{n} + \frac{f}{n} \cdot \frac{h}{n} \qquad (3.22)$$

$$\kappa = \frac{P_0 - P_e}{1 - P_e} \qquad (3.23)$$

表 3.2 中, a 为正确划分的地面点数, b 为将地面点错误划分为非地面点的数目, c 为将非地面点错误划分为地面点的数目, d 为正确划分的非地面点数目, n 为总的点云数目。Ⅰ 类误差表示的是错误划分的地面点个数占总地面点个数的比例, 通常又称为拒真误差。Ⅱ 类误差表示的是错误划分的非地面点数占总非地面点个数的比例, 通常又称为纳伪误差(commission error)。总误差则是所有错分的点云个数占点云总数的百分比, 反映了算法的整体滤波能力。κ 系数是经常用到的一致性检验的统计量。κ 系数用来检验一致部分是否由偶然因素影响的结果, 表示的是实际一致率与随机一致率之间的差别是否具有显著性意义[180]。其中, P_0 为实际一致率, P_e 为理论一致率。

3.4.3　实验结果与分析

采用上述指标计算实验数据的滤波精度, 结果如表 3.3 所示。从表中可以看出, 样本 S11 具有最大的总误差, 说明本书所提出的算法在样本 S11 区域表现最差。样本 S31 具有最小的总误差和最大的 κ 系数, 说明本书所提出的算法在该区域适应性最好, 滤波效果也最好。样本 S53 的总误差不大却具有最小的 κ 系数, 表明本书算法处理的结果在此区域具有一定的偶然性。图 3.7 显示的是以上 3 个样本数据的三维曲面图, 从中可以看出样本 S11 的地形坡度变化较大, 斜坡上建有房屋, 并且存在大量的低矮植被。对于地形坡度变化较大的区域, 很容易将一些地面点错误地判定为非地面点而进行剔除; 而斜坡上的房屋, 由于房屋的一边往往距离地面很近而导致将部分屋顶误判为地面点; 低矮植被本身的高程与地面点相差很小, 因此很容易被误判为地面点, 造成Ⅱ类误差过大。以上三点均为滤波的难点, 进而导致最后的滤波总误差稍大。从图 3.7(b) 可以看出, 样本 S31 的区域地形较平坦, 并且建筑物尺寸不大, 建筑物形状相对简单, 因此滤波精度最高。而造成样本 S53 的 κ 系数最小的主要原因在于样本 S53 的Ⅱ类误差过大, 而使得Ⅱ类误差过大的原因有两点: 一是该区域存在大量的不连续地形, 为尽可能地保护地形细节, 算法在按式(3.7)计算地形坡度时, 设置地形

增益常量 s_c 较大，进而造成所计算得到的高差阈值偏大，使得实验结果 I 类误差较小，但 II 类误差较大；二是该区域本身地物点就很少，因此即使很少的地物点被误判为地面点，还是会形成较大的 II 类误差。

表 3.3　滤波质量评价表

样本数据	Type I（%）	Type II（%）	Total(%)	κ(%)
S11	13.63	12.96	13.34	72.92
S12	4.86	2.08	3.50	93.00
S21	0.01	9.95	2.21	93.35
S22	5.27	5.74	5.41	87.58
S23	4.00	6.35	5.11	89.74
S24	7.47	7.48	7.47	81.93
S31	0.87	1.86	1.33	97.33
S41	18.17	3.07	10.60	78.78
S42	3.04	1.45	1.92	95.38
S51	1.42	17.25	4.88	85.06
S52	5.59	14.86	6.56	69.51
S53	6.78	23.90	7.47	41.84
S54	4.90	3.52	4.16	91.63
S61	1.54	24.54	2.33	67.82
S71	0.96	25.42	3.73	79.86
Ave	5.23	10.70	5.33	81.72

为了更加直观地显示不同样本区域的地形特点及滤波效果，本书利用 Surfer 12.0 软件分别生成了 15 组样本数据对应的地形表面图，如图 3.8 所示。图中(a)列为滤波前的 DSM，(b)列为由参考数据生成的准确的滤波后的 DSM，(c)列为本书算法滤波后的 DSM。通过观察图 3.8，可以得到以下结论：

(1)15 组样本数据包含丰富的地形特征，比如斜坡、密集建筑物、桥梁、大型建筑物、采石场等，十分有利于检验滤波算法在各种地形环境下的适应能力；

(2)本书所提出的算法在上述各种复杂地形环境的滤波结果(c)列与参考数据生成的结果(b)列都相差很小，表明所提出的算法能够获得良好的滤波效果并拥有较强的稳健性；

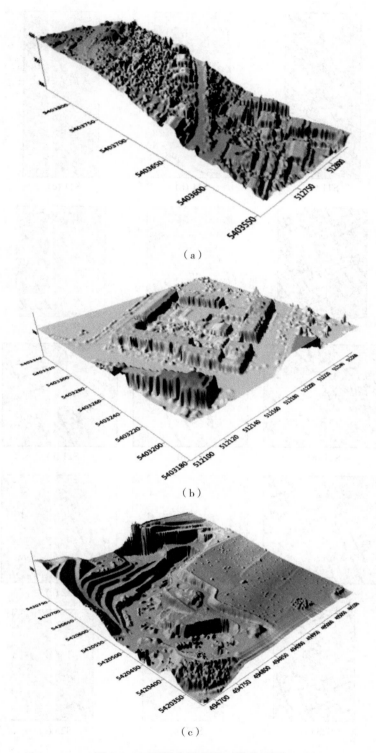

（a）

（b）

（c）

图 3.7　三组样本数据的三维曲面图

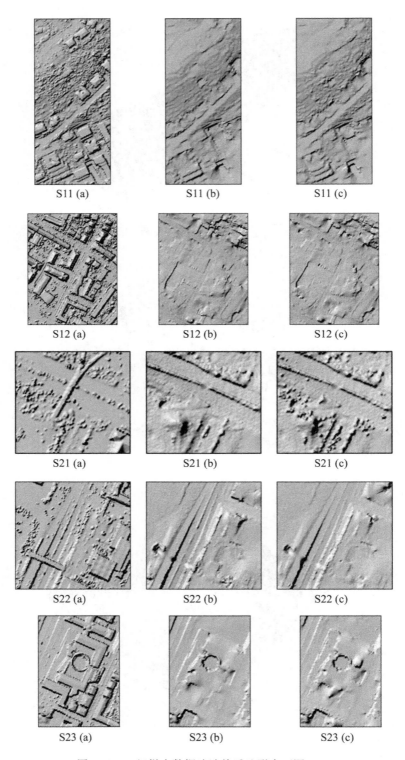

图 3.8 15 组样本数据滤波前后地形表面图(一)

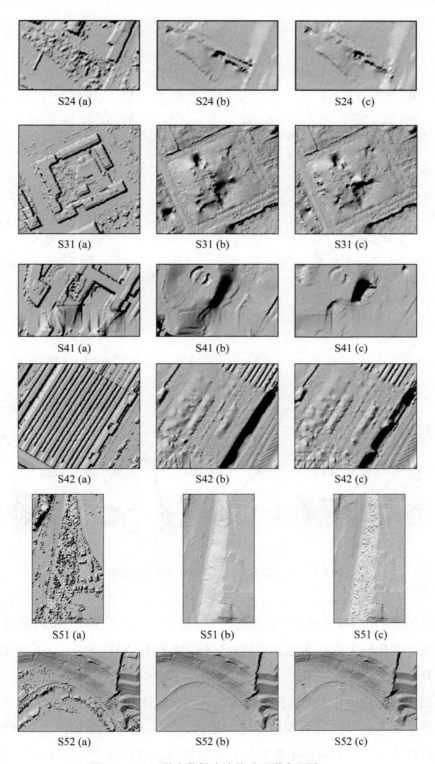

图 3.8　15 组样本数据滤波前后地形表面图(二)

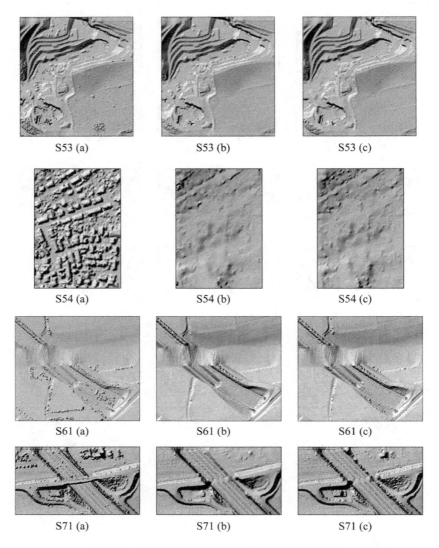

S53 (a)　　　　　S53 (b)　　　　　S53 (c)

S54 (a)　　　　　S54 (b)　　　　　S54 (c)

S61 (a)　　　　　S61 (b)　　　　　S61 (c)

S71 (a)　　　　　S71 (b)　　　　　S71 (c)

图 3.8　15 组样本数据滤波前后地形表面图(三)

(3)本书所提出的算法对于平坦地形区域(如 S12、S21、S31、S42)的滤波效果要优于地形坡度变化较大或存在复杂地物的区域(如 S11、S41、S53),这也与现有的大多数滤波算法的结论一致[17,19,35]。

为了更加客观地评价本书所提出的滤波算法的优劣,本书将滤波结果与 ISPRS 测试过的其他 8 种著名算法的滤波精度进行横向比较,对比结果如图 3.9 和图 3.10 所示。这 8 种算法分别是 Elmqvist 提出的动态轮廓线滤波算法[181]、Sohn 提出的规则化滤波算法[182]、Roggero 提出的改正的基于坡度的滤波算法[183]、Brovelli 提出的基于样条曲线内插的滤波算法[184]、Wack 和 Wimmer 提出的多层级改正的最小块儿滤波算法[185]、Axelsson 提出的 PTD 算法[40]、Sithole 提出的优化的坡度滤波法[46]，以及 Pfeifer 和 Briese 提出的多层级稳健内插滤波法[186]。所采用的精度评价指标为这 15 组样本数据的平均 κ 系数和平均整体精度（Overall Accuracy）。

从图 3.9 和图 3.10 可以看出，本书所提出的算法的滤波精度仅低于 Axellson 提出的 PTD 算法。为了更加详细地进行精度评价，本书选取平均 κ 系数与平均整体精度最高的其他三种算法进行更进一步的平均Ⅰ类误差和平均Ⅱ类误差对比，如图 3.11 所示。从图 3.11 中可以看出，本书所提出的算法的平均Ⅰ类误差最小，但平均Ⅱ类误差最大。这主要是样本 S51、S53、S61、S71 滤波结果的Ⅱ类误差过大，进而导致整体的平均值过大。由此也可以看出，Ⅱ类误差往往会随着Ⅰ类误差的减小而增大。

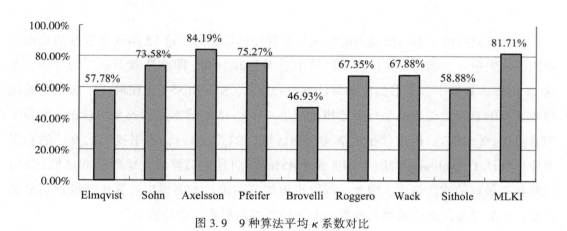

图 3.9　9 种算法平均 κ 系数对比

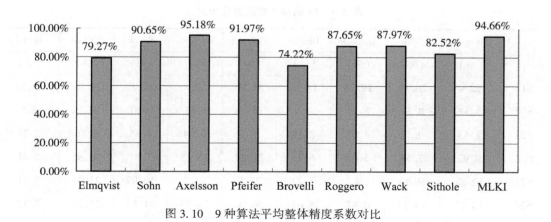

图 3.10　9 种算法平均整体精度系数对比

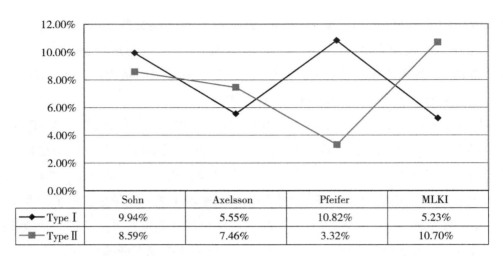

	Sohn	Axelsson	Pfeifer	MLKI
Type Ⅰ	9.94%	5.55%	10.82%	5.23%
Type Ⅱ	8.59%	7.46%	3.32%	10.70%

图 3.11　4 种算法平均 Ⅰ 类误差和平均 Ⅱ 类误差对比

　　表 3.4 显示的是本书所提出的算法与 8 种经典算法对于这 15 组样本数据的总误差对比，表中粗体表示的是在该样本区域中总误差最小值，即滤波效果最好的算法。在这 15 组样本数据中，本书提出的算法在样本 S21、S31 和 S53 表现最好，而其余各组样本数据的总误差均与最小总误差相差很小。尽管 15 组样本点云的平均总误差要高于 PTD 算法（0.51%），但在存在复杂建筑物区域（S21 和 S31），本书提出的算法的总误差要分别低于 Axelsson 算法（2.04% 和 3.45%）。而且本书算法在地形凸起区域（S53）能够获得最好的滤波精度。因此，可以得出如下结论：本书提出的算法能够适应复杂地形，尤其是在复杂建筑物及地形凸起区域能够获得更好的滤波效果。

表 3.4　15 组样本数据总误差对比

样本	Elmqvist （%）	Sohn （%）	Axelsson （%）	Pfeifer （%）	Brovelli （%）	Roggero （%）	Wack （%）	Sithole （%）	MLKI （%）
S11	22.4	20.49	**10.76**	17.35	36.96	20.8	24.02	23.25	13.34
S12	8.18	8.39	3.25	4.5	16.28	6.61	6.61	10.21	3.5
S21	8.53	8.8	4.25	2.57	9.3	9.84	4.55	7.76	2.21
S22	8.93	7.54	**3.63**	6.71	22.28	23.78	7.51	20.86	5.41
S23	12.28	9.84	**4**	8.22	27.8	23.2	10.97	22.71	5.11
S24	13.83	13.33	**4.42**	8.64	36.06	23.25	11.53	25.28	7.47
S31	5.34	6.39	4.78	1.8	12.92	2.14	2.21	3.15	**1.33**

样本	Elmqvist (%)	Sohn (%)	Axelsson (%)	Pfeifer (%)	Brovelli (%)	Roggero (%)	Wack (%)	Sithole (%)	MLKI (%)
S41	**8.76**	11.27	13.91	10.75	17.03	12.21	9.01	23.67	10.6
S42	3.68	1.78	**1.62**	2.64	6.38	4.3	3.54	3.85	1.92
S51	23.31	9.31	**2.72**	3.71	22.81	3.01	11.45	7.02	4.88
S52	57.95	12.04	**3.07**	19.64	45.56	9.78	23.83	27.53	6.56
S53	48.45	20.19	8.91	12.6	52.81	17.29	27.24	37.07	**7.47**
S54	21.26	5.68	3.23	5.47	23.89	4.96	7.63	6.33	4.16
S61	35.87	2.99	**2.08**	6.91	21.68	18.99	13.47	21.63	2.33
S71	34.22	2.2	**1.63**	8.85	34.98	5.11	16.97	21.83	3.73
Ave	20.87	9.35	**4.82**	8.02	25.78	12.35	12.04	17.48	5.33

　　本书提出的算法是以内插算法为基础对形态学滤波算法进行改进，旨在减小在地形凸起或不连续地形区域的Ⅰ类误差。下面选用与本书算法相关的其他两种滤波算法来进行对比分析，一种是 Mongus 和 Žalik 提出的无参多层级内插算法，另一种是 Li 等提出的高帽滤波改进算法。Mongus 和 Žalik 采用薄板样条内插法对点云进行多层级滤波[18]。Li 等通过设计一种带斜帽檐的高帽滤波算法来增强算法在各种复杂地形区域的鲁棒性，其实质也是对形态学滤波的改进[20]。

　　三种算法对 15 组样本点云滤波处理的总误差如图 3.12 所示。从图 3.12 可以看出，15 组样本数据中有 7 组样本数据在本书算法滤波的总误差是最小的，分别为 S23、S31、S42、S52、S53、S54、S61。其中，在地形凸起或不连续地形的区域(S52、S53、S61)，本书算法滤波的总误差要明显小于其他两种算法，由此也可以发现本书算法在保护地形细节方面具有显著优势，实现了改进的初衷。

　　旨在进一步检验算法的滤波效果，本书选用另一组实例数据进行测试。该实例数据位于中国山西省某地，由徕卡 ALS50 激光雷达系统采集，点密度为 6 点/m²。该实例数据位于城市区域，包含复杂建筑物、低矮植被等复杂地形特征，如图 3.13(a)所示。准确地面点是通过软件 TerraSolid 处理并经过人工纠正获得，如图 3.13(b)所示。图 3.13(c)显示的是本书所提出的算法处理后的结果。处理结果的Ⅰ类误差、Ⅱ类误差和总误差分别是 0.75%、1.80% 和 1.25%。由此可见，本书提出的算法的滤波效果

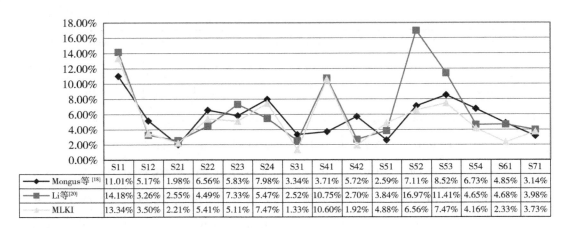

	S11	S12	S21	S22	S23	S24	S31	S41	S42	S51	S52	S53	S54	S61	S71
Mongus等[18]	11.01%	5.17%	1.98%	6.56%	5.83%	7.98%	3.34%	3.71%	5.72%	2.59%	7.11%	8.52%	6.73%	4.85%	3.14%
Li等[20]	14.18%	3.26%	2.55%	4.49%	7.33%	5.47%	2.52%	10.75%	2.70%	3.84%	16.97%	11.41%	4.65%	4.68%	3.98%
MLKI	13.34%	3.50%	2.21%	5.41%	5.11%	7.47%	1.33%	10.60%	1.92%	4.88%	6.56%	7.47%	4.16%	2.33%	3.73%

图 3.12　三种算法总误差对比

非常好。该实例数据也进一步验证了本书所提出的算法在复杂建筑物的城区能够获得良好的滤波效果。

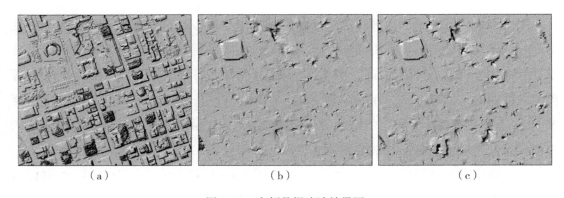

（a）　　　　　　　　　　（b）　　　　　　　　　　（c）

图 3.13　实例数据滤波效果图

3.5　本章小结

点云滤波是道路提取过程中非常重要的一个环节。提高滤波算法在不同地形区域的适用性一直是点云数据处理的难点问题。本章首先介绍了传统形态学滤波算法的原理和存在的问题。为减小传统形态学滤波对地形凸起或不连续地形区域的误判，提高点云滤波的整体精度，本书提出了一种基于渐进克里金插值的形态学滤波改进算法。该算法结合曲面拟合滤波算法及形态学滤波算法的优势，首先通过克里金内插算法计算出不同区域的地形起伏度，然后结合形态学运算的结果对地面点进行滤波判断。本书算法采用 ISPRS 公布的测试数据进行检验，在与其他八种经典算法的对比中，本书提出的算法的 κ 系数及整体精度都仅次于 Axelsson 提出的渐进加密不规则三角网算法[40]，并且能够获得最小的平均 I 类误差。在与本书算法相关的其他两种算法（Mongus 和 Žalik 提出的薄板样条内插以及 Li 等提出的带斜帽檐的高帽滤波算法）的对比中，本书算法在地形凸起或不连续地形区域可以有效地保护地形细节，减小误判，总误差要明显小于其他两种方法。但本书算法在部分样本区域的 II 类误差较大，如何在减小 I 类误差的同时有效地控制 II 类误差，值得进一步研究、探讨。最后，又采用一组实例数据对本书的算法做了进一步的验证，实验结果也表明能够获得良好的滤波效果。

第4章 反射强度阈值约束下的道路点云
提取方法研究

道路点云通常包含于地面点云中，地面点云提取出来后，要想获得精确的道路网提取结果就必须先从地面点云中精确提取出道路点云。道路点云一般主要有以下特征：

(1)道路点云高程与周围邻近地面点高程相差很小，并且一定范围内的道路点云高程几乎不变或均匀变化，不存在高程突变；

(2)道路点云一般分布较均匀，一定范围内的点密度变化不大；

(3)从拓扑结构角度分析，道路通常具有连通性，并且相互连接形成道路网；

(4)道路的材质一般为沥青或者混凝土，其反射率与周围邻近地物(如灌木丛、裸露地面等)一般相差较大。

除了以上特征，道路点云与地面点云中可能包含的其他类型的点云相比，还具有以下不同特征，具体如表4.1所示。

表 4.1　不同类型点云特征对比

	道路	低矮植被	裸露地面	低矮建筑物
回波次数	一次	多次	一次	内部一次，边缘点至少两次
邻域内高差	小	大且无规律	小	小或规律性变化(圆形或尖形屋顶)
点云分布	规律	无规律	较杂乱	一定范围内规律
边缘点与地面点高差	小	不固定且较大	小	固定且较大

综合以上道路点云的主要特征，本章主要采用反射强度约束来获取初始道路点云，然后采用点密度约束和连通面积约束进一步优化，获取更准确的道路点云。

4.1　LiDAR 点云强度信息

机载 LiDAR 系统在获取坐标信息的同时，还可以获取激光脚点所在地面目标物体的反射强度信息。不同的反射介质对应不同的反射系数，而不同的反射系数则对应不同的反射强度。当激光脉冲经相似介质返回时，所获取的反射强度值往往相差很小；反之，则不然。而反射系数通常由脉冲的波长、介质表面的亮度和介质质地共同决定。一般，反射率会随着反射介质亮度的增加而增大。通常自然地物相较于人工地物更容易反射激光。表 4.2 给出了不同地物对激光脉冲的反射率，从中我们还可以发现黑色介质(如火山岩、黑色橡胶、黑色橡皮轮胎)对应较低的反射率。这是因为黑色介质往往会吸收激光脉冲导致反射强度不强。

表 4.2　不同介质对激光的反射率[187]

介　质	反　射　率
白纸	接近于 100%
形状规则的木料(干的松树)	94%
雪	80%~90%
啤酒泡沫	88%
白石块	85%
石灰石，黏土	接近 75%
有印迹的新闻纸	69%
绵纸	60%
落叶树	典型值 60%
松类针类常青树	典型值 30%
碳酸盐类沙(干)	57%
碳酸盐类沙(湿)	41%
海岸沙滩，沙漠裸露地	典型值 50%
粗糙木料	25%
光滑混凝土	24%
带小卵石沥青	17%
火山岩	8%
黑色氯丁(二烯)橡胶	5%
黑色橡皮轮胎	2%

　　LiDAR 点云的反射强度值除了受到反射介质的反射率影响外，还受扫描目标表面含水率、粗糙度等特征的影响。此外，激光扫描仪与测量目标之间的几何关系也会影

响反射强度值的大小，比如激光脉冲的路径长度、激光脉冲在大气中的衰减速度、光斑的大小以及测量目标相对于激光扫描仪的方位角等[188]。综合以上各种因素，反射强度值可以用一个综合参量 σ 来衡量[189]，其公式定义如下：

$$\sigma = \frac{4\pi}{\Omega}\rho A_s \tag{4.1}$$

式中，σ 为后向散射截面；Ω 为散射角；ρ 为反射率；A_s 为目标尺寸。

Wagner 等指出通常情况下 LiDAR 点云的反射强度与测量目标的后向散射截面呈正相关，即后向散射截面越大，反射强度值越大[189]。结合图 4.1 可以看出，粗糙物体的散射角 Ω 较大，而光滑物体的散射角 Ω 较小，因此一般情况下，光滑物体的后向散射截面要大于粗糙物体的后向散射截面，进而对应的反射强度值也要大于粗糙物体的反射强度值。

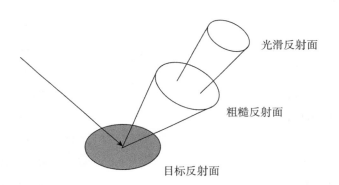

光滑反射面

粗糙反射面

目标反射面

图 4.1　目标表面散射示意图[139]

虽然反射强度值与很多种因素有关，但对于同一测区，当飞行条件相近时，可以近似地认为反射强度值只与介质表面相关。如果能够建立一组反射强度值与介质的对应关系，那么根据点云反射强度值所属的区间范围就能判定点云所对应的地物，如式（4.2）所示。

$$S = \{p_i \in S_i \mid I_{min} < I_{p_i} < I_{max}\} \tag{4.2}$$

式中，S_i 为 i 类地物点集；p_i 为任一地面点；I_{p_i} 为该点的反射强度值；I_{min} 和 I_{max} 为该类地物反射强度值的上、下区间。

图 4.2 是利用反射强度信息生成的灰度图像，从中可以大致分辨出不同的地物，如建筑物的屋顶、树木、街道等。为了辨别不同地物，张小红采取强度标定的方式来进行判断，标定即是指在相同的航带下确定邻近区域不同介质表面对激光脉冲散射

强度的量化指标[190]。但该量化指标只适用于同一区域、同一飞行条件下的 LiDAR
点云，对于其他区域的点云数据只具有参考意义，而不能直接按照该量化指标进行
地物分类。

近年来利用点云反射强度信息进行地物分类的研究有很多，如 Lang 和 Mccarty 利
用强度信息实现对森林冠层下湿地的探测[191]；Ohashi 利用强度信息对树木种类进行
了分类[192]；Zhang 等将点云反射强度信息作为一种数据特征，利用支持向量机(SVM)
实现对城市点云的分类[193]等。

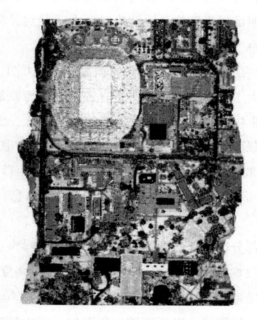

图 4.2　由反射强度数据生成的灰度图像

由于点云反射强度与目标介质之间缺乏确定的映射关系，因此直接利用反射强度
信息进行道路提取的研究很少，大多数研究人员需结合高程数据以提高道路提取的准
确性。如 Clode 首先对高程数据进行形态学开运算获取初始 DTM，然后通过设置道路
点云反射强度阈值来获取道路点云的二值图像[58]。龚亮则首先采用 K 均值聚类和模糊
C 均值聚类法对反射强度数据进行聚类，然后采用高程信息对聚类的结果进行进一步
的优化[194]。陈飞则先利用高程数据进行分层处理，再利用强度数据进行聚类从而提
取道路[195]。本书则旨在通过自动、精确计算反射强度阈值从而获取"纯净的"道路
点云。

4.2　反射强度数据噪声去除

4.2.1　反射强度噪声数据特点

现今大多数的机载 LiDAR 系统所获取的强度数据包含较严重的噪声，通常为高斯噪声、椒盐噪声或者散斑噪声。这些噪声数据的存在使得反射强度信号的变化幅度很大，有些值为几个单位，而有些"粗差"值却可能为几万个单位。这些噪声数据如果不加以剔除，在对点云按照反射强度值分层渲染时，由于受到异常值的影响，场景很难产生强烈的色差对比，也就难以提取有用的地物信息。

图 4.3(a)为由原始的反射强度数据生成的频数分布直方图，从图中可以发现强度值主要集中于0~100。大于 100 的强度数据只有数个，然而就是这若干个噪声数据导致生成的伪彩色图像(图 4.3(b))无法形成强烈的色差对比，也就无法从中提取任何有用的轮廓信息。反射强度数据去除噪声之后的频数直方图如图 4.3(c)所示，从中可以看出少量的"奇异值"数据已经被剔除，再对该数据进行伪彩色渲染，结果如图 4.3(d)所示，从中基本上可以辨认出一些主要地物的轮廓信息，如道路、建筑物、树木等。

反射强度数据中的部分噪声通常是乘性噪声，即是由噪声和信号相乘产生的，其本质是非线性的，因此较难滤除[196]。为了消除噪声对反射强度数据后续处理的影响，在利用强度信息进行辅助地物判别时往往需要先对其进行噪声滤除。研究人员一般将反射强度数据先转化为栅格图像，以便能够应用图像处理中的噪声去除方法。数字图像处理中通常采用均值滤波法来去除此类噪声的影响[197-199]。

均值滤波去噪算法的基本原理是图像中任意一点的像素值用其邻域内所有像素的均值来代替，公式表示如下：

$$I(x, y) = \sum_{i, j \in [-w, w]} \frac{I(x + i, y + j)}{(2w + 1)^2} \qquad (4.3)$$

式中，$I(x, y)$ 为图像任意一点的像素值；$(2w + 1)$ 为滤波窗口的尺寸大小。滤波窗口通常可以是方形、圆形或者十字形的。

均值滤波法的原理简单，计算量小，实现效率高，但该算法在去除噪声的同时容易平滑图像，造成图像模糊，特别不利于保护图像的细节边缘。而在点云数据的处理应用中，反射强度数据通常要用来提取必要的地物信息，边缘信息对地物的判别尤其

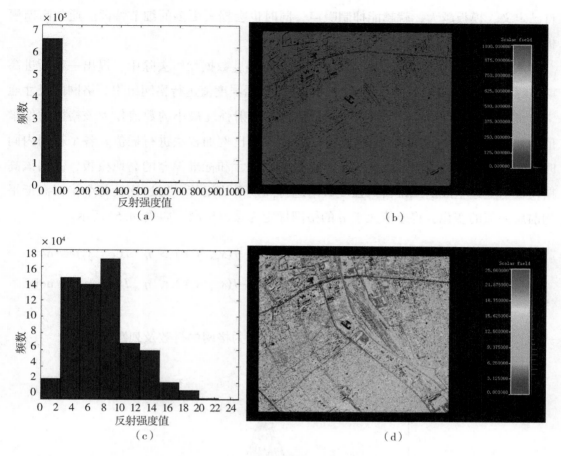

图 4.3　反射强度成像

重要，显然此类噪声去除方法并不适用于反射强度数据去噪。

4.2.2　渐进高斯去噪算法

高斯算子(Gaussian Operator)通常被认为是最优的图像平滑处理算子，相较于平均算子(均值滤波法)，高斯算子有助于保留更多的图像特征。高斯算子可通过高斯关系式来定义：

$$g(x, y, \sigma) = \frac{1}{2\pi\sigma^2}\exp\left[-\left(\frac{x^2 + y^2}{2\sigma^2}\right)\right] \tag{4.4}$$

式中，x，y 为坐标；σ^2 为方差；$g(x, y, \sigma)$ 为在 (x, y) 处的高斯模板系数。

利用上述高斯模板与图像进行卷积运算，可得到图像各个像素位置的高斯平均。平均图像上各点的像素值是根据高斯模板进行区域加权得到的，在该区域内，图像中心像素的权重要大于边界的权重，其高斯权重大小如图 4.4 所示。高斯模板的大小可自己定义，模板越大，就越能抑制噪声，同时也会损失更多的细节特征。通常高斯模板的尺寸可选为 3×3 或者 5×5。

　　本书将高斯算子引入机载 LiDAR 点云反射强度数据噪声去除中，提出一种渐进高斯去噪法，简称为 PGD 算法。该方法首先对原始强度值进行格网组织。格网的尺寸通常定义为点云各点间的平均距离。选取格网内反射强度最小的数值作为该格网的像素值，如果格网内无数据，则对该格网按照局部反比例加权法进行插值。各个格网内同时存储落入该格网内的各点的编号。设置一定尺寸和标准偏差的高斯模板，并用该高斯模板与上述生成的二维格网强度数据进行高斯平均运算。通过比较各个格网高斯平均前后差值的变化，将差值大于 η 的格网标定为噪声格网，如式（4.5）所示。

$$\hat{I}(x_i, y_j) = I(x_i, y_j) * \begin{cases} \text{if} \quad abs(\hat{I}(x_i, y_j) - I(x_i, y_j)) > \eta \quad I(x_i, y_j) \in \text{noise} \\ \text{if} \quad abs(\hat{I}(x_i, y_j) - I(x_i, y_j)) \leqslant \eta \quad I(x_i, y_j) \notin \text{noise} \end{cases}$$
$$g(x_i, y_j, \sigma)$$
$$(4.5)$$

式中，$i = 1, \cdots, m$，$j = 1, \cdots, n$，m 和 n 分别为格网的行数及列数。

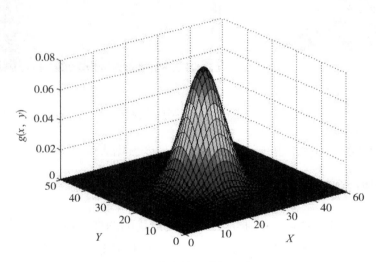

图 4.4　高斯权重模板示意图

　　继而对噪声格网内的各个数据点 (x, y, I) 进行进一步的噪声点判断。判断的依据是噪声数据点通常是孤立存在的，如果与一个点的强度值相近的点的个数不超过 3 个，那么该点就判定为噪声点。实现方法：选取噪声格网周围邻域内的 9 个格网所有的数据点，依次计算这些数据与噪声格网内各点的强度值之差，如果差值小于 ε 的点个数小于 3，则将这个点判定为噪声点。依次对噪声格网内的所有点进行判断，判断完成后统计噪声数据点的数目，并剔除这些噪声点。如果噪声点的个数大于零，则继续迭代上述步骤，直到噪声点的个数为零。

图 4.5 表示的是一组实例数据不同方法的噪声去除效果。反射强度数据去噪前渲染结果如图 4.5(a)所示，由于噪声数据的存在，从图中难以分辨出任何地形、地物特征。图 4.5(b)是均值滤波的结果，从图中基本上可以分辨出一些简单的地物，比如道路，但成像十分模糊。从图中还可以发现，均值滤波后依然存在少量极大异常值，使得强度数据无法很好地分层渲染。图 4.5(c)是本书所提出的 PGD 去噪法，与均值滤波的结果相比，成像更清晰，一些细节的局部特征表现明显，没有被平滑模糊掉。由此可见，PGD 去噪法在去除反射强度噪声数据及保护细节数据特征方面是十分有效的。

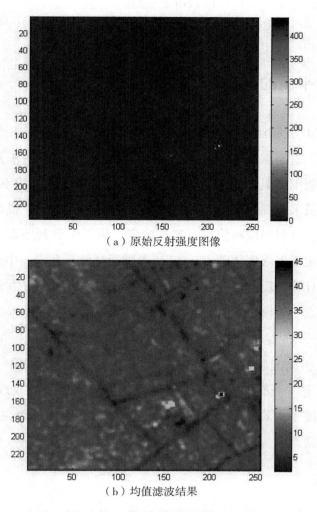

（a）原始反射强度图像

（b）均值滤波结果

图 4.5　强度数据去噪结果(一)

65

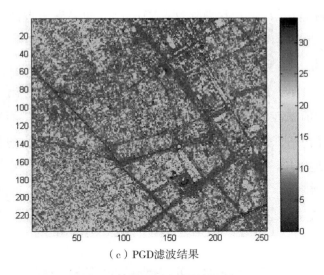

（c）PGD滤波结果

图 4.5　强度数据去噪结果(二)

4.3　基于偏度平衡的初始道路点云提取

地面点云经 PGD 去噪法去除强度噪声数据后，就可以直接应用于初始道路点云提取。正如前文所述，道路点云通常包含于地面点云中，而道路由于其材质的特殊性与统一性，往往与其周围的其他地面点云在反射强度上会有明显的不同。基于此特点，国内外许多研究人员采用反射强度约束将道路点云从地面点云中提取出来。然而由于道路材质的复杂性，反射强度阈值并不容易确定。徐景中等利用直方图对点云强度值进行统计分析来确定反射强度阈值[55]。Choi 等则通过航片在点云中人工选出若干个准确的道路种子点，计算其反射强度均值和方差，然后将均值减去方差设定为阈值最小值，均值加上方差设定为阈值最大值[56]。Clode 等通过多次的样本训练来获得更准确的反射强度阈值[57]。Clode 等则根据经验来确定反射强度阈值[58]。由此可见，道路点云的反射强度阈值还缺乏确定的判定方法。现有的方法只能给出一个粗略的阈值范围，而不能唯一确定一个准确的数值，也导致无法按照此阈值获取"纯净的"道路点云。本书将基于偏度平衡算法设计一种自动、无参、准确的反射强度阈值确定算法，进而获取纯净的道路点云。

4.3.1　偏度和峰度

偏度(skewness)是表征统计数据不对称程度的统计量，又称为偏度系数，通常用

sk 表示[200]。从统计数据的概率密度分布函数(Probability Distribution Function，PDF)
曲线的偏斜方向来看，可以将统计数据的分布分为右偏态(正偏态)、正态分布及左偏
态(负偏态)，如图 4.6 所示，虚线段为右偏态，实线为正态分布，点画线为左偏态。

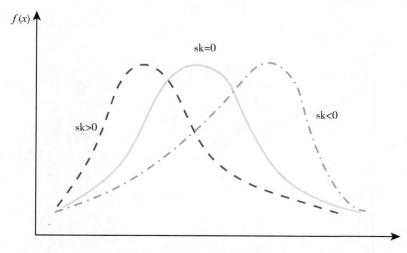

图 4.6　偏态分布示意图

假设统计量 X 的三阶矩存在，则偏度 sk 可按式(4.6)进行计算：

$$sk = \frac{1}{N\sigma^3} \sum_{i=1}^{N} (x_i - \mu)^3 \qquad (4.6)$$

式中，N 为样本总数；x_i 为第 i 个样本值；μ 为样本均值；σ 为样本方差。其中，μ 和 σ
定义如下：

$$\mu = \frac{1}{N} \sum_{i=1}^{N} x_i \qquad (4.7)$$

$$\sigma = \sqrt{\frac{1}{N-1} \sum_{i=1}^{N} (x_i - \mu)^2} \qquad (4.8)$$

偏度 sk 为无量纲的量，当 sk 大于 0 时，对应的样本统计分布为右偏态；当 sk 小于
0 时，对应的样本统计分布为左偏态。从概率密度分布函数曲线来看，偏度表示的是
其尾部的相对长度，$|sk|$ 越大，表示其偏离程度越大。

峰度(kurtosis)表示的是统计数据在平均值处峰值大小的统计量，通常用 ku 来表
示[200]。从概率密度分布函数曲线来看，峰度反映的是分布曲线的陡缓程度。假设统
计量 X 的四阶矩存在，则峰度 ku 可按式(4.9)进行计算：

$$ku = \frac{1}{N\sigma^4} \sum_{i=1}^{N} (x_i - \mu)^4 \qquad (4.9)$$

正态分布的峰度为 3，当峰度 ku 大于 3 时，表示该分布相对于正态分布较陡峭；而当峰度 ku 小于 3 时，表示该分布相对于正态分布较平缓，如图 4.7 所示。

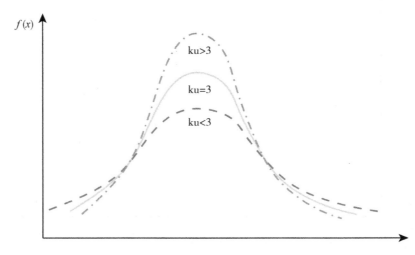

图 4.7　不同峰度分布示意图

4.3.2　偏度和峰度在点云数据处理中的应用

Bartels 等首先于 2006 年将偏度统计量引入点云滤波中，提出一种无监督、无阈值的偏度平衡点云滤波法[201]。随后，Bartels 等对该算法进行改进，使得该算法在地形坡度变化较大区域也能获得较好的滤波效果[202]。Crosilla 等通过先对实验区域分块儿，再对每块区域分别进行偏度和峰度迭代计算，将该算法扩展到更复杂的地形环境应用中[203]。Liu 等分别对点云的高程数据和反射强度数据进行偏度和峰度统计，采用类似的滤波方法取得了更好的滤波结果，并进一步提取了电力线[204]。Wei 等利用偏度和峰度统计量实现了从 LiDAR 点云中车辆的自动提取[205]。Bao 等则通过探测点云所有回波强度信息的偏度变化来实现对山区植被的分类[206]。国内关于偏度和峰度在点云数据处理中的应用也有很多，但大多数是将其应用于点云滤波中，而且大部分是基于 Bartels 等提出的偏度平衡算法或对该算法的改进[207-211]。

Bartels 等提出的偏度平衡算法主要基于中心极限定理，即测量的样本数据在自然状态下总是呈正态分布的[212]。在此基础上，Bartels 等作出了以下两个假设：

（1）自然状态下，LiDAR 点云中的地面点数据的 PDF 总是呈正态分布；

（2）点云中的非地面点数据影响了地面点数据的正态分布，致使 LiDAR 点云呈正偏态分布。

偏度平衡滤波法对点云数据组织方式无特定要求，即无论是离散点云还是规则格网点云都可以应用该方法。但由于该算法实现的基础是地面点呈正态分布，因此对地面点的数量有最低限制的要求，如式（4.10）所示：

$$n_{\min} = \left(\frac{Z_{\alpha/2} \cdot \sigma_0}{E} \right) \tag{4.10}$$

式中，$Z_{\alpha/2}$ 为水平值；σ_0 为种群的标准差；E 为可接受的边缘误差。

一般而言，$Z_{\alpha/2}$ 可设置为 1.96，E 为 0.1，σ_0 则需要根据实际样本进行估算。现有文献计算出来的地面点的最低数目通常介于 $800 \sim 900$ 之间[200-202]，显然对于大多数实验区域，地面点的个数要远大于这个数值，因此对于大部分实验区域偏度平衡滤波法都是适用的。

图 4.8（a）是滤波前点云数据按照高程渲染的示意图，采用偏度平衡滤波法滤波后地物点的结果如图 4.8（b）所示。从图中可以看出大部分地物点得到了有效的识别，由此也说明了偏度平衡滤波法的有效性。

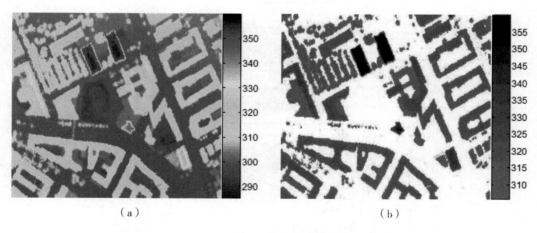

（a）　　　　　　　　　　　　　　　（b）

图 4.8　偏度平衡算法滤波结果

4.3.3　基于偏度平衡的道路点云强度阈值确定方法

道路一般由混凝土或者沥青铺制而成，其材质与周围相邻的低矮植被或者裸露地面有较大区别，正如前文所言，通过设置反射强度阈值可以将道路点云从地面点云中提取出来。由表4.2可以发现，沥青或者混凝土的反射率较低，对应的反射强度值也很小，因此，一般只需要设置道路反射强度阈值的上确界就可以将道路点云提取出来。但现在还没有自动获取道路点云反射强度阈值的方法。

在Bartels最初提出的偏度平衡滤波法中，主要是通过对点云的高程数据进行偏度计算，然后逐次剔除高程最高点以实现点云滤波。该算法是基于自然状态下测量的样本数据总是呈正态分布这一假设的，而这一假设成立的前提则是样本数据量应大于最小种群数。对于城市区域而言，道路点云是地面点云的主要构成部分，因此几乎所有城市区域满足道路点云反射强度数据呈正态分布的基本要求，即道路点云个数大于最小要求点数(800~900)。为实现自动分离道路点云和非道路点云，同时准确获取道路点云的反射强度阈值，本书采用与Baretels方法相似的思路，作出以下假设：

(1)自然状态下，地面点云中的道路点云的强度数据的PDF总是呈正态分布；

(2)地面点云中的非道路点云的强度数据干扰了道路点云强度数据的正态分布，使得地面点云强度数据呈正偏态分布。

该算法的处理流程如图4.9所示。

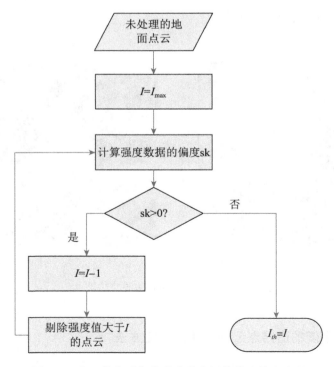

图4.9　基于偏度平衡的道路强度阈值获取算法流程

具体实现步骤如下：

(1)输入地面点云数据 (x_i, y_i, z_i, I_i)，$i = 1, 2, \cdots, N$，N 为点云总数；

(2)获取点云的最大反射强度值 $I_{\max}$，并令强度阈值 $I = I_{\max}$；

(3)计算点云强度数据的偏度 sk，如果 sk 大于 0，执行步骤(4)，否则执行步骤(5)；

(4)反射强度阈值自动减 1，即 $I = I - 1$，并剔除点云中所有大于此强度阈值的点云，然后继续执行步骤(3)；

(5)输出道路点云反射强度阈值 I_{th}。

强度阈值获取后，将所有反射强度值大于阈值的点进行剔除便可获取初始道路点云。

4.3.4　实验分析

选用一组实例数据对所提出的算法进行验证分析，该点云数据经高程分层渲染的结果如图 4.10 所示。从中可以发现该实验区域中的道路分布较复杂，具有一定的代表性。分别采用本书第 3 章提出的 MLKI 点云滤波法及本章 4.2.2 小节提出的 PGD 反射强度噪声数据去除法进行处理，可得到地面点云按反射强度数据渲染的结果，如图 4.11(a)所示。图 4.11(b)表示的是地面点云反射强度数据的 PDF 曲线图，从中可以清楚地看出该 PDF 曲线相对于正态分布的 PDF 曲线属于正偏态，满足前文所做出的假设，即地面点云中的非道路点云的强度数据干扰了道路点云强度数据的正态分布，

图 4.10　点云高程渲染示意图

致使地面点云强度数据呈正偏态分布。按照本书所提出的算法，首先计算地面点云反射强度数据的偏度，并进行多次迭代，得到偏度的变化曲线图，如图 4.12 所示。当点云反射强度数据的偏度不再大于 0 时，获取此时的道路强度阈值 I_{th} 为 20，并将所有强度值大于此阈值的点云从地面点云中剔除，获取道路点云，如图 4.13（a）所示。从图 4.13（b）可以看出此时道路点云强度数据的 PDF 曲线接近正态分布的 PDF 曲线，满足之前所作出的假设，即自然状态下，地面点云中的道路点云的强度数据的 PDF 曲线总是呈正态分布。

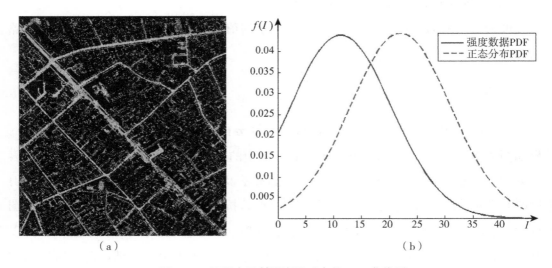

图 4.11　地面点反射强度及对应的 PDF 曲线图

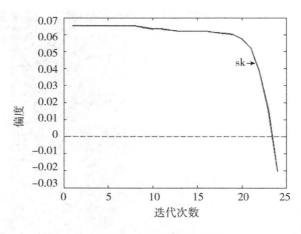

图 4.12　偏度变化曲线图

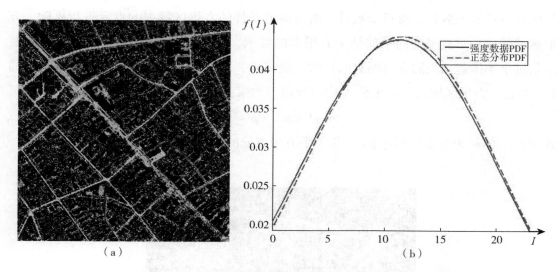

图 4.13　道路点反射强度及对应的 PDF 曲线图

值得注意的是，本书提出的自动获取道路阈值的方法一般只适用于城市区域。这是因为在城市区域，道路是地面的主要构成部分，容易满足最小种群（population）个数的要求。而且，在城市区域，道路材质较一致，与周围邻近地物在反射率上有较大的差别，因此较容易将道路点云自动判别出来。一般而言，地面点云强度数据的幅度范围越大，本书所提出的算法计算出的道路强度阈值越准确。

4.4　二约束法优化初始道路点云

从图 4.13（a）中可以看出，道路点云虽然经过强度阈值约束被提取出来，但点云中还包含大量的非道路点云。这些非道路点云的存在通常是由于部分地面材质与道路较接近，使得其反射强度值与道路点云的反射强度值相差很小，因此很难通过设定强度阈值将此类型的点云进行滤除。经过前文的分析，可以知道道路点云通常分布比较均匀，因此在道路区域范围内点密度变化不大；而且由于道路的社会功能，道路通常是相互连通的。根据这两个特点，本书采用点密度约束和连通面积约束对初始道路点云进一步优化。

4.4.1　点密度约束

首先将点云在 XY 平面上进行方形区域分块儿，如图 4.14 所示。分别统计每个方形区域内点云的数目，将点云数目不满足阈值条件的方形区域内的点云进行剔除。方形区域的边长对点密度约束的结果有很大的影响，边长过大容易破坏道路的完整性，边长过小不能起到去除非道路点的目的。经试验，以方形区域边长取最小道路宽度的1/3为宜。方形区域内点云个数 N 应符合以下约束：

$$N > \text{cellsize}^2 \times \rho \times 0.6 \qquad (4.11)$$

式中，cellsize 为方形区域边长；ρ 为每平方米点云的个数。

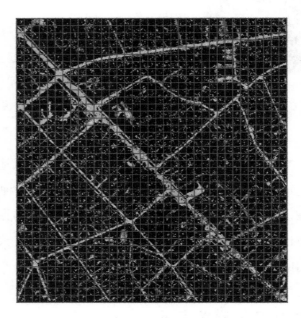

图 4.14　点云平面格网划分示意图

　　图 4.13(a)中的数据经过点密度约束后的结果如图 4.15 所示。从图中可以看出大量的孤立的非道路点云已被剔除，但仍存在部分相对较密集的点云未被剔除，需进一步采取连通面积约束优化道路点云。

4.4.2　连通面积约束

　　如前文所述，由于道路的社会功能往往具有连通性，因此可以通过对点云进行连通分析，将面积小于阈值的点云块儿进行剔除，公式表示如下：

$$L_{\text{road}} = \{p_i \in L \mid \forall p_i: S_{p_i} > S_{\text{th}}\} \qquad (4.12)$$

式中，L 为点云连通分析后所有的独立的点云块；p_i 为这些独立的点云块中任意的一块；$i = 1, 2, \cdots, N$；N 为总的点云块个数；S_{p_i} 为该点云块的面积；S_{th} 为面积阈值；

图 4.15 点密度约束结果图

L_{road} 为最终的道路点云。

在连通分析中，通常有 4 连通和 8 连通两种，图 4.16(a)为 4 连通示例，图 4.16(b)为 8 连通示例。4 连通需要待判定点（图中红色方框圈定的点）上下左右有相邻点才可以进行统一标记，而 8 连通则只需要待判定点四周 8 邻域内有相邻点就可以进行

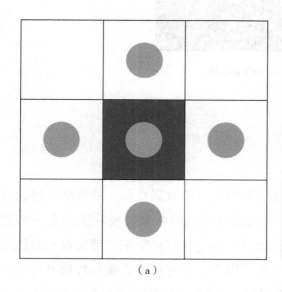

（a）

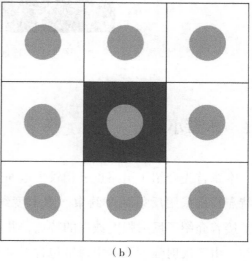

（b）

图 4.16 4 连通和 8 连通示例

统一标记。由此可以看出 8 连通区域要包含 4 连通区域，而 4 连通相较于 8 连通的约束性更强一些。为了能够尽可能地去除非道路点云，本书选用约束性更强的 4 连通进行连通分析。

图 4.15 中的数据经过连通面积约束后的结果如图 4.17 所示。从图中可以看出大部分小的"点云斑"已被剔除，道路轮廓已能清晰地呈现出来。但仍包含部分连通面积相对较大的点云块，这些点云通常是由停车场、天井等区域形成的。这些区域面积一般相对较大，而且点云反射强度、高程都与道路点十分接近，因此此类区域很难通过强度约束、点密度约束及连通面积约束进行剔除。如何去除这些区域对道路网提取的干扰，将在本书第 5 章详细介绍。

图 4.17　连通面积约束结果图

4.5　本章小结

本章首先介绍了道路点云相较于地面其他类型点云的数据特征，并根据道路独有的特点提出采用反射强度约束、点密度约束及连通面积约束来实现对道路点云的提取。接着介绍了反射强度数据的特点，并指出利用强度数据有助于实现对点云的精细分类。由于反射强度数据中通常包含大量的乘性噪声，为避免此类噪声数据对后续处理操作的干扰，本书提出了基于高斯算子的 PGD 反射强度数据噪声去除法。经实验表明，该算法相较于均值去噪法能够获取更好的去噪效果而且不会模糊细节边缘信息。为了能准确获取道路点云的反射强度阈值，将偏度统计量引入反射强度数据处理中，介绍了偏度和峰度的定义及计算方法。然后，对 Bartels 提出的两个假设进行更改，以使其适用于道路点云强度数据分析，并以此提出基于偏度平衡算法的道路点云反射强度阈值确定方法。经实验表明，此算法可以快速、有效地确定城市区域道路点云的反射强度阈值。最后，分别介绍了点密度约束和连通面积约束的具体实现方法，并采用此两种约束实现对初始道路点云的优化。

第 5 章　基于多层级融合与优化的城市 道路网提取方法研究

城市道路一般可以分为快速路、主干路、次干路及支路等四大类。快速路又称汽车专用道，是城市区域中长距离、快速运输的主要途径；主干路是城市道路的主要构成部分，主要负责疏导交通，红线宽度一般为 30~45m；次干路主要是指区级干道，主要是将各个主干路进行连通，能够将城市各区域相连接，并能够集散交通且兼具服务功能，红线宽度一般为 25~40m。支路主要指的是街坊道路，以服务功能为主，它能够将次干路与街坊路进行连接，红线宽度一般为 12~25m。

以上四类道路相互连接构成的城市道路网具有交通功能与服务功能。除了以上四类道路，城市中还包含部分狭窄道路，此类道路多为居住区内的短窄支路，通常是通向各户、各单元的走廊、过道等，宽度一般小于 5m。此类道路交通功能较弱，不属于本书所要提取道路的范畴。为能准确提取城市道路网，本书提出旋转邻域判别法和多层级融合与优化算法来去除狭窄道路或者停车场、天井等"似道路"区域对城市主要干道提取的干扰。

5.1　获取道路二值图像

为了便于之后道路提取的操作能够利用成熟的图像处理方法，需要先把道路点云转化为二值图像，具体步骤如下：

（1）设置格网边长 c，c 一般取值为平均点间距，以确保在道路区域范围内每个格网内有点；

（2）获取道路点云 XY 平面内横纵坐标的最大、最小值，并以 (x_{min}, y_{min}) 和 (x_{max}, y_{max}) 框定点云区域格网划分的范围，格网的行、列数按式（5.1）计算：

$$M = \mathrm{ceil}\left(\frac{x_{\max} - x_{\min}}{c}\right)$$

$$N = \mathrm{ceil}\left(\frac{y_{\max} - y_{\min}}{c}\right)$$

(5.1)

式中，M 为行数；N 为列数；$\mathrm{ceil}(*)$ 为向上取整。

（3）对各个格网进行遍历，如果格网内有点，标记为 0；没点，则标记为 1；

（4）对生成的黑白二值图像进行形态学闭操作，填充空洞，将断开的道路进行连接。

5.2　旋转邻域法去除狭窄道路

本书提出的基于旋转邻域的狭窄道路去除方法的主要思路为：设定一个最小道路模板，通过对道路局部区域的不断旋转，求取该道路局部区域与道路模板的最大贴近度 C，如果最大贴近度 C 小于阈值 δ，则将该道路区域判定为狭窄道路并进行剔除。

为了尽可能地减小对狭窄道路的误判，本书设置 5 个不同中心的道路模板 T_i，$i = 1，2，3，4，5$，如图 5.1 中 5 个不同颜色的虚线方框。为了能够自适应不同方向变化的道路，本书要对每个道路邻域进行 4 个不同方向的旋转，即旋转角 α 分别为 0°、30°、60°，以及 90°，如图 5.2 所示。

道路模板的长度 L、宽度 W 及道路方形邻域的边长 B 应满足如下关系：

$$\begin{cases} L = 2 \times W - 1 \\ B = 2 \times \mathrm{ceil}(\sqrt{L^2 + W^2}) + 1 \end{cases}$$

(5.2)

式中，$\mathrm{ceil}(*)$ 为向上取整。

从式（5.2）可以看出，只要道路模板的宽度 W 确定了，长度 L 及方形邻域的边长 B 也就随之确定了。由前文分析可知，本书旨在剔除宽度小于 5m 的狭窄道路，因此道路模板的宽度 W 设定为 5m，经计算可得长度 L 为 9m，方形邻域的边长 B 为 23m。

道路模板的长 L、宽 W，道路方形邻域的边长 B 及旋转角度 α 之间的相互关系如图 5.2 所示。对于任一道路区域都要计算 20 个（5 个模板×4 个旋转方向）不同数值的道路贴近度，选取其中的最大值 C 作为该道路区域狭窄道路判别的依据，公式表示如下：

$$C = \max\left(\frac{S_\alpha^i}{L * W}\right)(\alpha = 0°，30°，60°，90°\ ；i = 1，2，3，4，5)$$

(5.3)

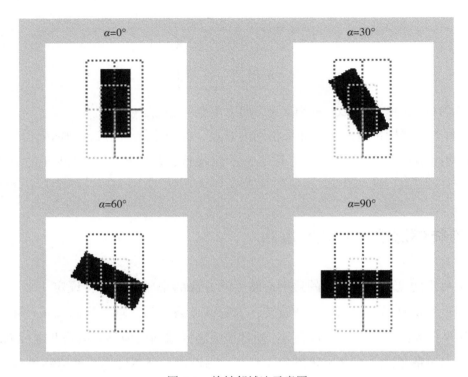

图 5.1　旋转邻域法示意图

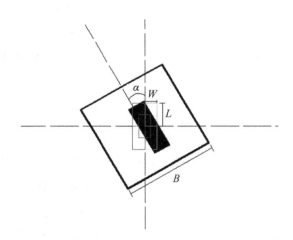

图 5.2　道路模板、方形邻域及旋转角度间的相互关系

式中，S_α^i 为在 α 方向时落入到道路模板 T_i 内的面积。

由式(5.3)可以看出，对于任一道路区域，可以进行 20 种可能性的狭窄道路判别，因此不仅能增强算法对各种复杂道路环境的适应能力，还能够大大减小对狭窄道路的误判误差。在本书研究中，最大贴近度阈值 δ 设置为 0.78。

5.3　多层级道路中线提取

剔除狭窄道路后，道路图像中还包含部分道路同质区域。这些同质区域通常与道路在材质和高程上十分接近，导致道路图像中道路的线性特征不是特别明显。为正确提取道路区域、加强道路的线性特征，需对道路图像再次处理。由前文可知，道路因其社会功能，一般呈带状分布，此特点有别于其他同质区域，据此便可实现道路区域的进一步优化。

5.3.1　形态学开运算提取道路区域

形态学开运算能够获取与结构元素形状相近的区域。因道路一般呈长条状，故当结构元素 SE 为线形时，道路能够被很好地提取出来。但是道路的方向是多样的，如果只设定一种方向的线形结构元素，就只能提取出与这个方向平行的道路。本书采用陶超提出的多方向形态学道路提取法[163]，通过设定多个方向的线形结构元素，并依次与道路图像做形态学开运算，最后将结果进行叠加即可得到主干道路图像[163]。公式表示如下：

$$
\mathrm{SE}_{L,\alpha_i} = \begin{cases} y_i = x_i \tan(\alpha_i) & (x_i = 0,\ \pm 1, \cdots \pm \dfrac{(L-1)\cos(\alpha_i)}{2}, \quad \mathrm{if}\ |\alpha_i| \leqslant 45° \\[4mm] x_i = y_i \cot(\alpha_i) & (y_i = 0,\ \pm 1, \cdots \pm \dfrac{(L-1)\sin(\alpha_i)}{2}, \quad \mathrm{if}\ 45° < |\alpha_i| \leqslant 90° \end{cases}
$$

$$\tag{5.4}$$

$$
f = \bigcup_{i=-9}^{9} \mathrm{IM}\ \mathrm{o}\ \mathrm{SE}_{L,\alpha_i} \tag{5.5}
$$

$$
\alpha_i = 10° \times i \tag{5.6}
$$

式中，SE_{L,α_i} 为多方向线性结构元素；L 和 α_i 分别为其长度和方向；IM 为道路的二值图像；o 为形态学开运算。

由于树木、车辆等地物遮挡，使得部分道路区域存在数据空白，为保证这些区域依然能够被线性结构元素提取出来，本书将结构元素设置为虚线型。结构元素的旋转区间为 $[-90°,90°]$，旋转间隔为 $10°$，共有 18 个不同方向的结构元素，具体如图 5.3 所示。

除了线性结构元素的方向会影响道路的提取结果，其长度同样与道路提取结果有

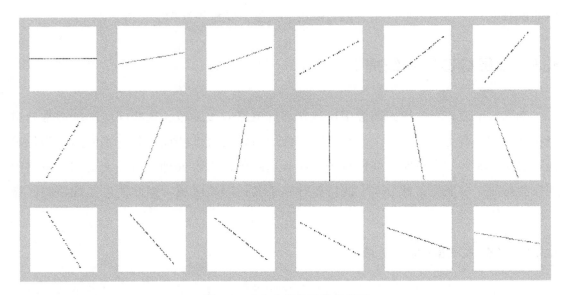

图 5.3　多方向结构元素示意图

直接的关系。本书分别采用 $L = 91$ 与 $L = 51$ 两种长度的线性结构元素对同一实验区域的道路二值图像进行上述形态学开运算，提取结果如图 5.4 所示。

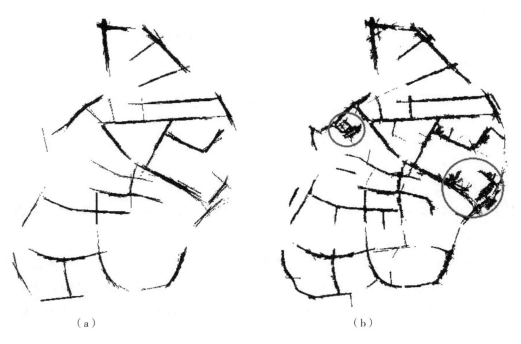

（a）　　　　　　　　　　　　　　（b）

图 5.4　不同长度的线性结构元素提取道路的结果

从图 5.4 中可以看出，越长的线性结构元素所提取道路的直线性越强，且基本不受"似道路"区域(停车场、空地等)的干扰。但提取结果缺乏道路细节，不能够提取长度小于线性结构元素长度的道路，而且在道路转弯处同样无法正确提取道路；如果线性结构元素的长度较短，就能够提取更多的道路细节，一些短小的道路同样会出现在提取结果中，但受"似道路"区域干扰较大，无法将"似道路"区域进行有效分离(如图 5.4(b)中标记区域)。

为充分利用长线性结构元素的抗干扰特性及短线性结构元素能提取更多道路细节的特点，本书采用多层级道路提取方法，即设置多种不同长度的线性结构元素分别与初始道路二值图像进行形态学开运算，获取不同层级的道路图像。

5.3.2　骨架细化法获取道路中线

道路中线能够清晰地反映道路的地理位置信息及相互连接的拓扑关系，而且能够有效地减小数据存储空间，因此本书采用道路中线来表示道路信息，采用骨架细化算法来实现对道路中线的提取。对道路进行骨架细化，即是在保持道路原有拓扑结构的前提下，尽量提取位于道路中线位置的一个像素宽度的骨架的过程，如图 5.5 所示，中间浅色实线即是要提取的道路中线。

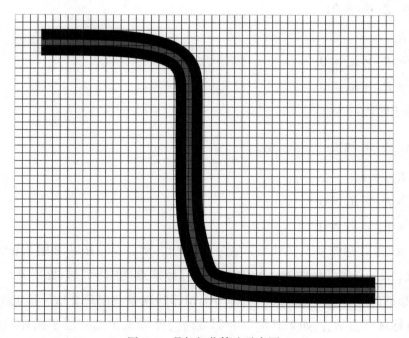

图 5.5　骨架细化算法示意图

骨架细化算法是依据模拟烧草模型，按照一定的原则逐层地去除图像的边缘点，一直迭代，直到余下最内层的图像骨架。此类型算法原理简单、实现方便，而且能够很好地保持原有对象的拓扑结构，因此经常用于图像细化中。比较经典的骨架细化算法有 Hildich 细化算法[214]、Zhang 提出的快速并行细化算法[215]，以及 OPTA 细化算法[216]。

Hildich 细化算法是按顺序对图像进行扫描，每次扫描都按一定的规则条件移除边缘像素，一直迭代进行上述操作，直到没有满足条件的轮廓像素时停止迭代。Zhang 快速并行细化算法则是将两层子循环作为一次迭代，每层子循环都对应不同的满足条件，反复迭代直到不存在满足条件的边缘像素[215]。OPTA 细化算法则是通过利用保留模板和消除模板分别对图像进行匹配，从而得到图像细化的结果。有实验表明，相较于 Hildich 细化算法和 OPTA 细化算法，Zhang 快速并行细化算法能够获得更好的细化结果，而且包含更少的毛刺[217]。故本书选用 Zhang 快速并行细化算法来提取道路中线。

在 Zhang 快速并行细化算法中，两层子循环要删除的边缘像素应分别满足下面两组条件：

第一层子循环：

(1) $2 \leqslant \sum_{i=1}^{8} R_i \leqslant 6$；

(2) $N(R_0) = 1$；

(3) $R_1 \times R_3 \times R_5 = 0$；

(4) $R_3 \times R_5 \times R_7 = 0$。

第二层子循环：

(1) $2 \leqslant \sum_{i=1}^{8} R_i \leqslant 6$；

(2) $N(R_0) = 1$；

(3) $R_1 \times R_3 \times R_7 = 0$；

(4) $R_1 \times R_5 \times R_7 = 0$。

其中，R_0 为目标像素点，其 8 邻域分别为 R_1，R_2，$\cdots$，R_8，如图 5.6 所示。$R_i = 1$ 为道路像素，$R_i = 0$ 为背景像素。$N(R_0)$ 是目标像素点周围 8 邻域（R_1，R_2，$\cdots$，R_8）按 0 1 组合分布的改变次数。在图 5.7 中，0 1 相邻的现象共出现 2 次，因此 $N(R_0) = 2$。

对于目标像素点 R_0，如果其周围 8 邻域内的像素满足第一层子循环的所有条件，则将 R_0 判定为边缘点并进行删除。但若邻域内的像素点分布如图 5.7 所示，不符合第

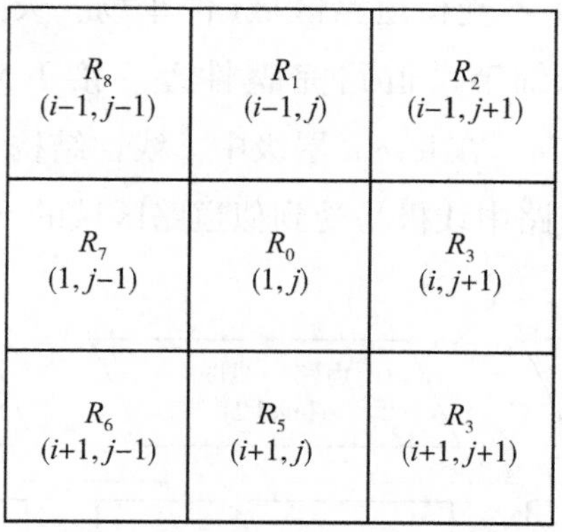

R_8 $(i-1, j-1)$
R_1 $(i-1, j)$
R_2 $(i-1, j+1)$
R_7 $(1, j-1)$
R_0 $(1, j)$
R_3 $(i, j+1)$
R_6 $(i+1, j-1)$
R_5 $(i+1, j)$
R_3 $(i+1, j+1)$

图 5.6　目标像素 8 邻域示意图

二个条件，则该点不被删除。由于若只满足第一层子循环，则只能移除位于东南或西北的角点，为能获得更理想的图像骨架，对于第二层子循环，需要将第一层的后两个条件做更改，使其能够获取更好的细化效果。

0 0 1
1 R_0 0
1 0 0
1
2

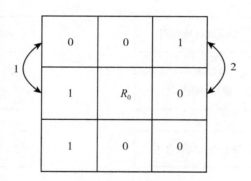

图 5.7　计算 0 1 组合分布变化示例

5.4　多层级道路中线融合与优化

通过设置不同长度的线性结构元素可以提取不同层级的道路，继而采用 Zhang 快速并行细化算法可以提取出不同层级的道路中线。为了使最终获取的道路中线能够兼具抗干扰性及完整性，需要对这些层级道路进行融合与优化。本书所提出算法的流程如图 5.8 所示。设线性结构元素的长度分别为 L_1，L_2，…，L_n，并且有 $L_1 > L_2 >$，…，L_n。本书将由最长线性结构元素 L_1 提取的道路中线定义为第一层级，即

level1，此时的道路中线几乎不受似道路区域(停车场、天井、部分裸露的空地等)的干扰，但包含较少的道路细节，道路完整性差。接下来依次类推，L_2 对应层级 level2，$\cdots$，L_n 对应层级 leveln。在 leveln 层级中，线性结构元素最短，因此能够提取更多的道路细节，但该层级道路中线极易受到似道路区域的干扰。

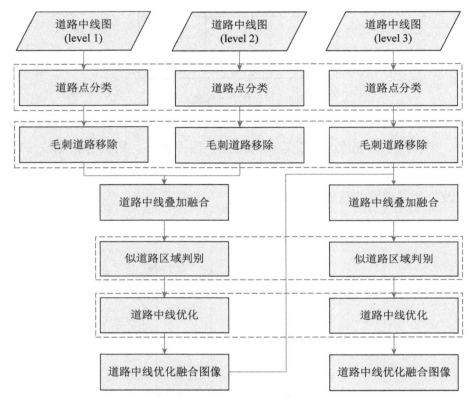

图 5.8　多层级融合与优化流程图

　　融合与优化的过程是按底层到高层的次序进行的，如图 5.9 所示，即首先将 level1 与 level2 进行融合与优化，再将其结果与 level3 进行融合与优化，一直迭代循环进行，直到与预先设定好的最短线性结构元素对应的层级道路进行融合与优化，以得到最终的道路中线图。整个融合与优化的过程可以看作在保证不引入误差的前提下，逐级增加道路细节，增添道路的完整性。具体包含以下四步：

　　(1)道路点分类；

　　(2)毛刺道路移除；

　　(3)似道路区域判别；

（4）道路中线优化。

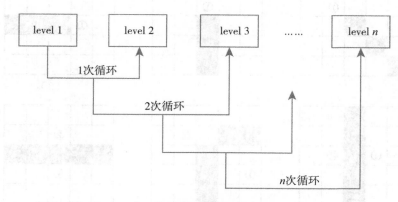

图 5.9　层级融合次序示意图

5.4.1　道路点分类

在本书提的多层级道路中线融合与优化算法中，道路端点以及道路交点在后续处理操作中有至关重要的作用，比如，利用道路端点与道路交点可以计算出各道路支线的距离，从而为毛刺道路的判别提供依据；再者，通过计算道路端点间的棋盘距离可以有效地识别出似道路区域，从而可以排除此类区域的干扰。因此，在进行后续处理操作之前，首先需要对道路点进行分类并进行标记。在本书中，道路交点是指两条或者两条以上道路中线相交形成的交叉点，与其相对应的是道路端点及道路连接点。道路端点是指道路的末端且与其他道路支线不相连的道路点，而将除了道路交点与道路端点之外的点统称为道路连接点。

如图 5.10 所示，R_i 为道路像素点，R_0 为目标像素点，即待判别类型的道路点。首先确定目标像素点 R_0 的位置，并选取以其为中心的 5×5 窗口，再对其周围 24 个邻域进行 4 连通分析。4 连通分析即是只与目标像素点在上、下、左、右四个位置相邻时才能进行统一标记。通过统计目标像素点 24 个邻域的连通个数 n，可以得到以下目标像素点 R_0 类别与连通个数 n 之间的相互关系：

（1）如果连通个数 n 等于 1，则将目标像素点 R_0 标记为道路端点；

（2）如果连通个数 n 等于 2，则将目标像素点 R_0 标记为道路连接点；

（3）如果连通个数 n 大于 2，则将目标像素点 R_0 标记为道路交点。

在图 5.10 中，第一行三幅图的连通个数都为 1，因此这三幅图中的目标像素点 R_0

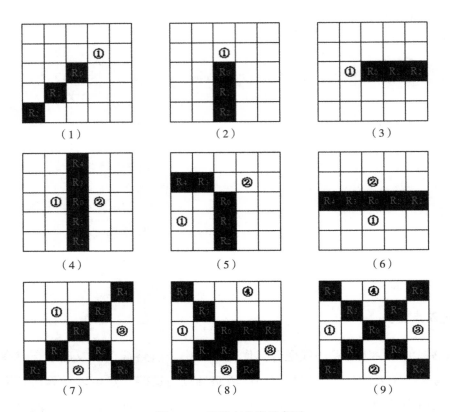

图 5.10　道路点分类示意图

都是道路端点。在第二行的三幅图中，24 个邻域的连通个数都为 2，因此这三幅图中的目标像素点 R_0 都为道路连接点。在第三行的三幅图中，24 个邻域的连通个数分别为 3、4、4，因此这三幅图中的目标像素点 R_0 都为道路交点。

5.4.2　毛刺道路移除

在提取的城市道路网中往往会包含许多类似于毛刺的短分支道路，这些短分支一部分是由通向停车场的通道形成的，另一部分则是在前文所使用的骨架细化算法获取道路中线时由于误差而引入的。这些毛刺道路的存在不仅会影响提取城市道路网的美观，同样会对之后的多层级道路中线融合与优化过程带来干扰。因此，需要先采取一定的方法将此类短小支路剔除。

本书采用链式编码来统计各条道路支线的长度。链式编码（Chain Codes），又叫作弗里曼链码或边界链码，是用曲线起点的坐标及边界点的方向代码来表示曲线或者边界的方法。现在经常应用于模式识别、图像处理及计算机图形学中，用来表示曲线或者区域边界。链式编码的实质是将某条曲线或者边界描述为由一点出发并按照八个基本方向确定的矢量链。这八个基本的方向通常由 0~7 八个数字来表示，分别表示东、东北、北、西北、西、西南、南、东南，如图 5.11 所示。

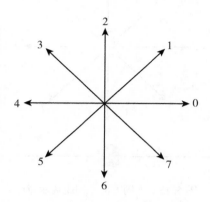

图 5.11　链式编码基本方向示意图

图 5.12 为一幅道路二值图像，1 表示道路像素点。那么该条道路的链式编码为：（1，6），6，5，6，6，6，7，7，7，6。第一个为端点的行列号，其他为矢量方向。

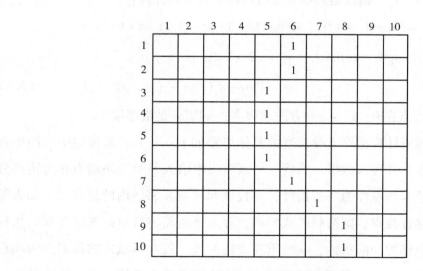

图 5.12　道路链式编码示意图

对道路进行链式编码，一方面可以将道路进行矢量表达，另一方面也有利于更加精确地统计道路的长度。如图 5.13 所示，蓝色点为目标像素点，4 个红色点和 4 个黄色点是该目标像素点的 8 个邻域点，0~7 为 8 个矢量方向。从图中能够发现，当矢量

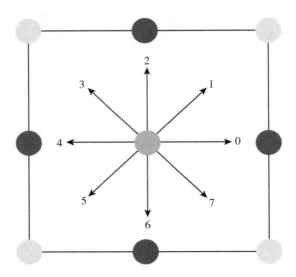

图 5.13　不同方向不同距离示意图

方向为 0、2、4、6 时，点与点之间的间隔为一个格网尺寸 cellsize；但当矢量方向为 1、3、5、7 时，点与点之间的间隔为 $\sqrt{2}$×cellsize。因此，若一条道路的矢量表达为 (x, y)，V_1，V_2，$\cdots$，V_n，则该道路的长度可以按下式进行计算：

$$n_1 = \mathrm{Num}(V_i == 0 \,||\, V_i == 2 \,||\, V_i == 4 \,||\, V_i == 6)$$

$$\mathrm{Length} = \mathrm{cellsize} \times n_1 + \sqrt{2}\,\mathrm{cellsize} \times (n - n_1)$$

$$= \mathrm{cellsize} \times \left(\sqrt{2}\,n + (1 - \sqrt{2})\,n_1\right) \tag{5.7}$$

式中，n_1 是道路像素点在 0、2、4、6 方向的树木；cellsize 是格网尺寸。

本书采用链式编码计算道路支线长度的具体思路如下：首先，从道路中线图中查找出所有的道路端点，并存入数组。然后，从该数组中输入一个道路端点作为道路分支的起算点，并以该起算点作为当前指针，寻找该起算点 8 邻域内的道路点。如果邻域内的道路点为道路连接点，则按照链式编码，存入该道路连接点的矢量方向。指针前移以该道路连接点作为当前指针，继续重复上述操作。若八邻域内的像素点为端点或者交点，则长度计算结束。最后，按照式(5.7)计算道路支线的长度。算法具体流程如图 5.14 所示。

5.4.3　似道路区域判别

本书将停车场、天井、部分裸露的空地等统称为似道路区域。这些区域的材质与

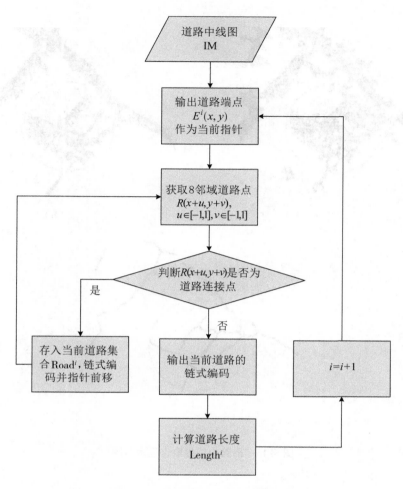

图 5.14　道路长度计算方法流程图

道路一般比较接近，因此反射强度值相差很小，也就难以通过强度约束将似道路区域剔除；此外，这些区域的面积相对较大，因此连通面积约束也不容易实现对此类区域的判别。但似道路区域与道路的明显区别在于，道路一般呈带状分布，而似道路区域的形状一般不规则，按前文所述方法进行道路中线提取，似道路区域会形成许多道路交叉点，如图 5.15 所示。

　　图 5.15(a)为初始道路二值图像，圆圈标记区域即为似道路区域。采用一定长度的线性结构元素进行道路提取后，可得到图 5.15(b)中的结果。从中能够发现，似道路区域依然未被去除。图 5.15(c)为采用 Zhang 快速并行细化算法提取出来的道路中线，在图中圆圈标记区域可以看出，在似道路区域道路中线相互交叉形成了许多道路

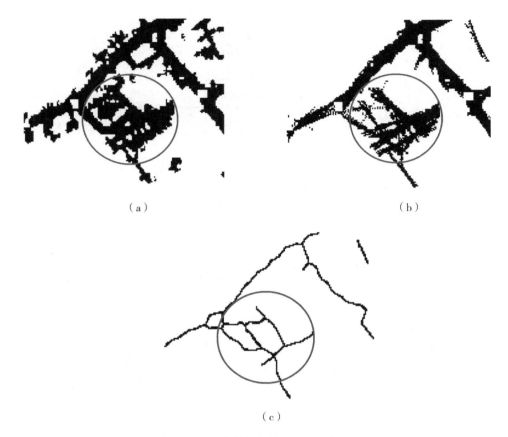

（a）　　　　　　　　　　　　　　（b）

（c）

图 5.15　道路中线提取过程示意图

交叉点。该特点在道路区域是很少出现的，因此根据此特点可以将这些似道路区域识别并剔除。

经图 5.15 分析可知，在似道路区域道路交点分布较密集，换言之，在似道路区域道路交点间的相互距离比较小，因此本书通过计算道路交点间的距离，将距离小于阈值的交点区域判定为似道路区域。本书的道路中线图像都为栅格图像，为了便于计算，采用棋盘距离（Chessboard Distance）代替传统的欧氏距离。棋盘距离为两点横纵坐标之差绝对值的最大值，用公式表示如下：

$$d[(i, j), (h, k)] = \max(|i - h|, |j - k|) \tag{5.8}$$

式中，(i, j) 和 (h, k) 分别为两个道路交点的坐标位置。

似道路区域的具体识别方法如下：

按前文所述方法分别在相邻不同层级的道路中线图（$level_i$ 与 $level_{i+1}$）中查找出所

有的道路交点。依次遍历位于 level$_i$ 层级道路中线图中的道路交点，在这两个相邻层级道路中找出与其相邻最近的其他两个道路交点。按照棋盘距离的计算方法，计算这三个道路交点间的相互棋盘距离，如果三者的最大棋盘距离小于阈值，则相应位置区域被判定为似道路区域。

5.4.4　道路中线优化

道路中线优化包含两部分，分别为似道路区域中线优化以及道路区域中线优化。在本书中，道路区域是指道路整体呈带状分布，且不受停车场、天井等似道路区域干扰的区域。道路中线优化的过程发生在融合道路中线图中，融合道路中线图可理解为相邻两层级道路网叠加的结果，公式表示如下：

$$level' = level_i + level_{i+1} \tag{5.9}$$

（1）似道路区域中线优化。

由前文分析可知，level$_i$ 层级中的道路相较于 level$_{i+1}$ 层级中的道路所受干扰更小，换言之，level$_i$ 层级中提取的道路精度更高些。因此，似道路区域中线优化的基本原则是在似道路区域保留 level$_i$ 层级中的道路，而去除相应位置 level$_{i+1}$ 层级中的道路。具体方法如下：

将两相邻层级 level$_i$ 和 level$_{i+1}$ 中的道路中线进行叠加，得到融合道路中线图 level′。按照前文所述方法在道路中线图 level′ 中找出似道路区域，并进行标记。在这些似道路区域，保留 level$_i$ 层级中的道路而去除相应位置 level$_{i+1}$ 层级中的道路，同时去除 level$_{i+1}$ 层级中道路交点的标记。优化完所有的似道路区域的道路中线后，再对优化融合后的道路中线图 level′ 进行似道路区域判断，看是否仍然有似道路区域，如果有，继续重复进行上述过程。

（2）道路区域中线优化。

在道路区域，对于同一条道路，不同层级道路中线提取的结果也有可能出现略微偏移，在融合道路图中表现为局部道路分叉或者出现道路孔洞的情况。在图 5.16 中，图（a）表示的是一条支路，图（b）中前两幅是不同层级提取出的道路中线，最后一幅是融合叠加后的道路中线，从中可以看出叠加后的道路中线出现了因道路偏移而形成的细小孔洞。但这种偏移一般不会超过两个像素的宽度，因此可通过形态学闭操作填补空洞，再进行平滑细化处理，即可得到优化后的道路中线，如图 5.16（c）所示。

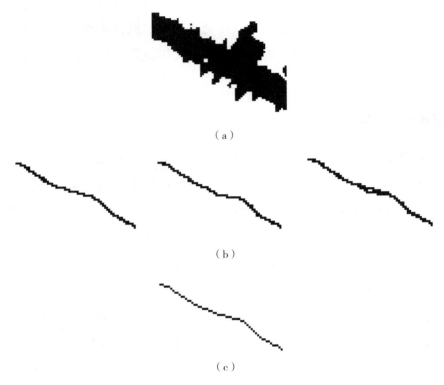

（a）

（b）

（c）

图 5.16　道路中线优化示意图

5.5　本章小结

　　本章旨在研究提取城市主要道路形成的城市道路网，为消除狭窄道路对城市主要道路提取的干扰，提出了一种基于旋转邻域的狭窄道路去除法。该方法通过设定 5 个不同中心的最小道路模板，再对道路局部区域进行 4 个方向的旋转，可以计算 20 种可能性来判别道路是否为狭窄道路，极大地减小了误判误差。继而根据道路一般呈长条形状的特点，采用多方向线性结构元素对道路进行形态学开运算，进而优化道路提取的结果。多方向线性结构元素能够适应较复杂的道路环境，增强了道路提取算法的鲁棒性。分析道路提取的结果可以发现，不仅线性结构元素的方向会影响提取结果，线性结构元素的长度同样对道路提取的结果有直接的影响，而且长的线性结构元素提取的结果具有抗干扰性，而短的线性结构元素提取的结果能够获得更多的道路细节。为了使最终提取的道路兼具抗干扰性及道路信息的完整性，先采用多个不同长度的线性结构元素提取出不同层级的道路，然后采用 Zhang 快速并行细化算法对各个层级的道路提取道路中线。为能将这些不同层级的道路中线进行合理的融合与优化，本章先后提出道路端点、道路连接点、道路交点的判别法，链式编码道路长度计算法，似道路区域判别法，以及似道路区域和道路区域道路中线优化法。通过这些方法的有效处理，即可提取出准确、完整的城市道路网。

第6章 城市道路网提取的综合实验与分析

城市道路网提取主要包含下面四个环节：点云去噪、点云滤波、道路点云提取、城市道路网提取。本章将采用多组点云数据对城市道路网提取进行综合实验与分析，以检验所提出的主要算法在道路提取各个环节的有效性，并进行相关参数分析。最后，将本章算法提取的道路结果与其他算法处理的结果进行精度对比分析，阐明本章所提出的算法在道路提取各个环节的优势。

6.1 实验环境

6.1.1 硬件环境

本书所有的数据处理都基于一台普通的笔记本电脑，具体配置如下：

CPU：第2代英特尔酷睿™ i5-2450M，双核，2.5GHz，睿频可达3.1GHz；

内存：2.0 GB DDR3；

显卡：NVIDIA GeForce GT 630M 独立显示芯片，1GB 独立显存；

硬盘：500GB；

Windows 版本：Windows 7 旗舰版；

系统类型：64 位操作系统。

6.1.2 软件环境

软件环境主要是指本章所提算法实现的语言平台及三维点云数据的显示与处理等所需要的相关软件。

算法实现：MATLAB 2013a。

点云显示：CloudCompare、FugroViewer、Terrasolid Terrascan、QTreader。

点云截取：CloudCompare、Terrasolid Terrascan。

点云格式转换：FugroViewer。

点云浮雕图生成：Surfer 12.0。

6.2　综合实验

6.2.1　实验数据

第一组实验数据是由国际摄影测量与遥感学会提供的位于德国 Vaihingen 城市的点云数据，如图 6.1 所示。图 6.1(a) 为 Vaihingen 城市的正射影像图，从图中可以看出该城市的道路情况较复杂，道路布局并非简单的横竖垂直分布，而是依据街区呈不规则形状分布。道路宽度变化多样，并且道路周围分布有树木遮挡，路面上还有各种行驶的车辆。此外，整个城市区域分布有多处停车场、天井等似道路区域。这些特点使得对该区域地形进行道路提取实验十分具有代表性。图 6.1(a) 虚线圈定范围为此次实验的主要区域，其对应的点云数据如图 6.1(b) 所示。图 6.1(b) 是按点云反射强度数据分层渲染得到的，点云总数为 5604108 个。点云数据由徕卡 ALS50 系统采集得到，点云密度为 4 个/m^2。

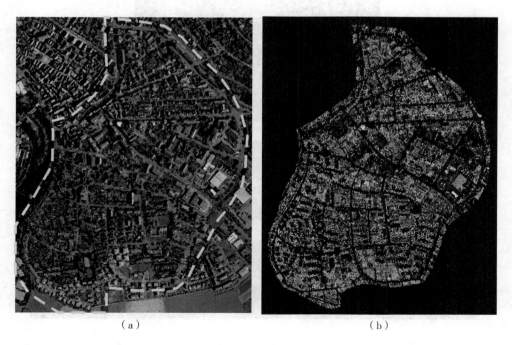

（a）　　　　　　　　　　　　（b）

图 6.1　实验数据

97

6.2.2　道路网提取综合实验

点云噪声去除是点云数据处理中非常关键的一个步骤。采用 2.3 节提出的基于 EMD 的点云去噪算法对实验数据进行处理，去噪结果如图 6.2(a)所示。在原始点云和去噪后的点云上分别截取一个剖面，去噪前的点云截面如图 6.2(b)所示，图中椭圆形实线圈定区域有几个低位噪声点。去噪后的点云如图 6.2(c)所示，从中可以发现基于 EMD 的点云去噪算法不但能够有效地去除低位噪声点，而且没有破坏原有的地形、地物信息。

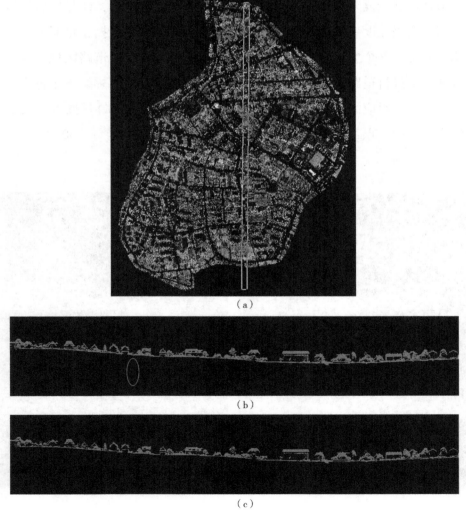

（a）

（b）

（c）

图 6.2　点云去噪结果

地面点云滤波是道路点云提取的基础。采用在第 3 章提出的基于渐进克里金插值的形态学滤波改进算法对去噪后的点云数据进行滤波处理，处理结果如图 6.3 所示。从图中可以发现该区域内的建筑物、低矮植被、路面上的车辆等都得以准确去除，而起伏的地形点得到有效的保留。

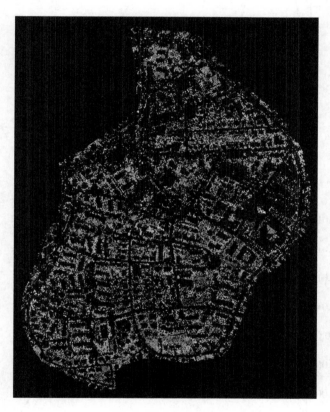

图 6.3　点云滤波结果

采用在 4.3 节提出的偏度平衡算法确定道路点云的强度阈值，从而获取纯净的道路点云。图 6.4(a)中的实线为地面点云强度值的概率密度函数(PDF)，此时的偏度值为 0.6915，相较于正态分布的 PDF 曲线(虚线)，属于正偏态。经偏度平衡算法处理后，所获道路点云强度值的 PDF 曲线如图 6.4(b)中的实线所示，此时的偏度值为 -0.0091，已十分接近正态分布。此时计算出来的反射强度阈值为 71，并按照此阈值获取初始道路点云。

将提取出来的道路点云转化为二值图像后如图 6.5 所示，此时图中包含较多的狭窄道路。采用在 5.2 节提出的基于旋转邻域的狭窄道路判别法进行狭窄道路剔除，最

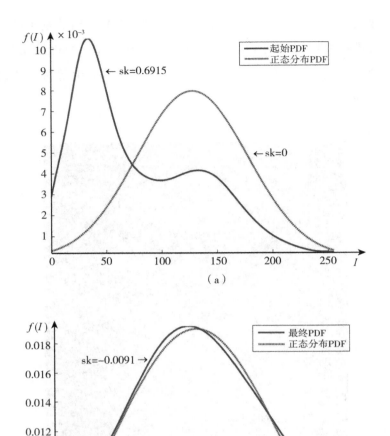

图 6.4　概率密度函数分布曲线

小道路模板设置为 5×9，即任何宽度小于 5m 的道路经此算法处理后都将被剔除。狭窄道路去除后的结果如图 6.6 所示。

　　狭窄道路去除后，采用 Zhang 快速并行细化算法得到道路中线图。采用 4 个不同长度的线性结构元素来提取道路，长度分别为 91m、71m、51m 和 31m。4 个层级的道路中线图如图 6.7 所示。图 6.7(a) 表示的是最长线性结构元素(91m)提取的结果，图 6.7(b) 表示的是线性结构元素长度为 71m 提取的结果，图 6.7(c) 表示的是线性结构元素

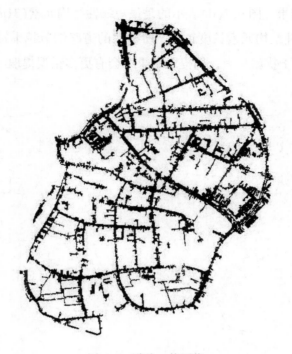

图 6.5　道路二值图像

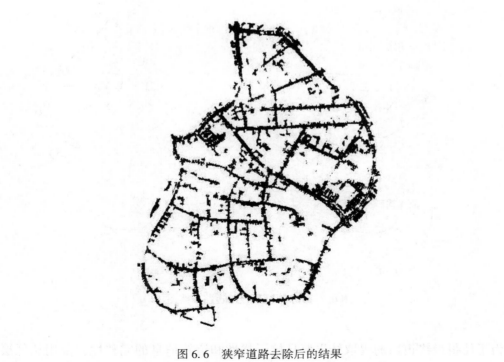

图 6.6　狭窄道路去除后的结果

长度为 51m 提取的结果，图 6.7(d)表示的是最短线性结构元素(31m)提取的结果。从图 6.7 中可以看出，线性结构元素长度越短，所提取的道路细节越丰富，道路信息越完整。但所受似道路区域的干扰就越大，即提取结果中会有更多错误提取的道路。

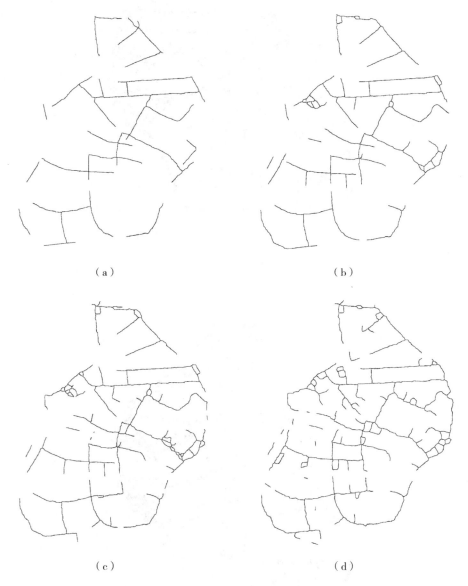

图 6.7 4 个不同层级的道路中线图

为了使得最终道路的提取结果兼具抗干扰性和道路信息的完整性，采用从低层到高层的融合优化策略。多层级融合优化结果如图 6.8 所示。图 6.8(a)为图 6.7(a)和图

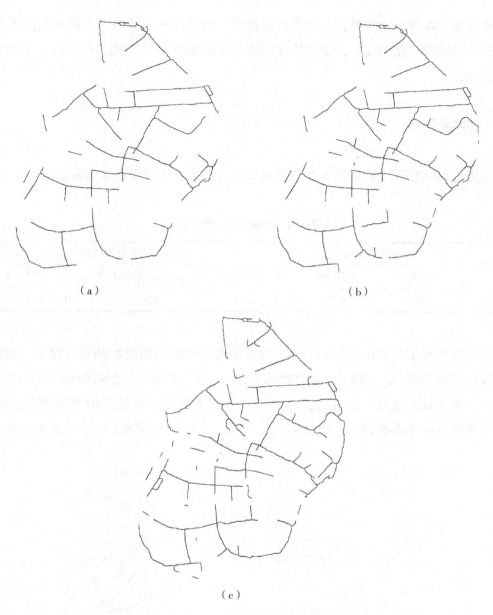

（a）　　　　　　　　　　　　　　　（b）

（c）

图 6.8　道路网融合优化结果

6.7(b)融合优化的结果，从图中可以看出图 6.8(a)相较于图 6.7(b)，道路信息丰富
了许多，更多的道路中线被添加了进来。图 6.8(b)是图 6.8(a)和图 6.7(c)融合优化
的结果，而图 6.8(c)则是图 6.8(b)和图 6.7(d)融合优化的结果。经过 4 个层级的融
合与优化，最后的道路中线图如图 6.8(c)所示。从图中可以看出道路信息比较完整，
而且未引入明显错误的道路中线。究其原因则在于本章算法采用棋盘距离来准确识别

103

似道路区域，在道路中线融合与优化的过程中，似道路区域的道路中线始终用长线性结构元素提取的道路中线，去除短线性结构元素提取结果的干扰，从而保证了融合结果的准确性。

6.3 参数分析

城市道路网提取主要涉及 6 个参数需要进行设定，本章所设参数值如表 6.1 所示。

表 6.1 本章所设主要参数

参数	狭窄道路去除		道路中线融合与优化			
	宽度	贴近度	最短道路长度	棋盘距离阈值	L_{max}	L_{min}
数值	5m	0.78	40m	40m	91m	31m

虽然改变 6 个参数中任何一个参数的数值都会影响道路提取的最终结果，但除了最长线性结构元素（L_{max}）和最短线性结构元素（L_{min}），其他 4 个参数的改变不会造成道路提取结果的较大改变。换言之，L_{max} 和 L_{min} 是影响道路提取结果的主要因素。因此，本章主要对这两个参数进行探讨分析。L_{max} 和 L_{min} 分别为 91m 和 31m，其他两个线性结

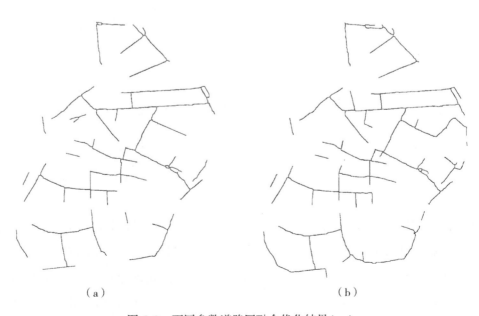

（a）　　　　　　　　　　　（b）

图 6.9 不同参数道路网融合优化结果（一）

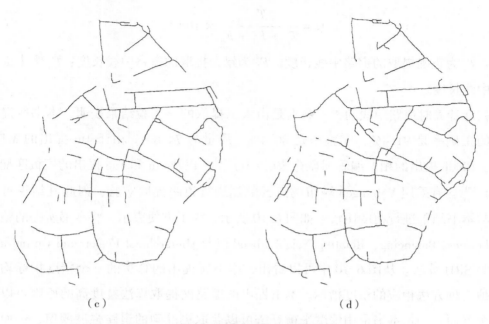

（c）　　　　　　　　　　　　　　　　（d）

图 6.9　不同参数道路网融合优化结果（二）

构元素的长度与它们构成等差数列，4 个线性结构元素的长度分别为 91m、71m、51m
和 31m。为了进行对比分析，本章选用了其他三组不同长度的线性结构元素，第一组
为 121m、101m、81m 和 61m，第二组为 111m、91m、71m 和 51m，第三组为 101m、
81m、61m 和 41m。这 4 组不同长度组合的线性结构元素提取的结果如图 6.9 所示。从
图中可以发现，不同长度的结构元素组合会得到完全不同的道路提取结果，而且线性
结构元素越长所提取的道路越笔直，但相对应的道路信息就不够丰富。因此，为了得
到更准确、更完整的城市道路网，需要对这组参数进行反复试验。

6.4　道路网提取精度对比

本章采用正确率 C_r、完整率 C_p 和质量 Q 三个指标来衡量道路网提取的精度。以上
三个精度指标的计算方法如下[219]：

$$C_r = \frac{T_p}{T_p + F_p} \times 100\% \tag{6.1}$$

$$C_p = \frac{T_p}{T_p + F_n} \times 100\% \tag{6.2}$$

$$Q = \frac{T_p}{T_p + F_p + F_n} \times 100\% \qquad (6.3)$$

式中，T_p 为正确提取的道路中线长度；F_p 为错误提取的道路中线长度；F_n 为未提取的道路中线长度。

精度计算时道路中线的参考数据是由人工提取的。实验结果表明，本书所提出的算法的正确率是 91.4%，完整率是 80.4%，质量为 74.8%。由于 Hu 提出的 MTH 算法[8]，Clode 提出的相位编码圆盘算法（PCD）[57]，以及 Hu 和 Tao 提出的模板匹配算法（TM）[220]均有采用 Vaihingen 城市的点云数据进行道路提取实验，因此其结果可直接用来与本书结果进行精度比较，如图 6.10 所示。为了方便表示，将本书所提的整套算法（Skewness Balancing，Rotating Neighborhood 以及 Hierarchical Fusion and Optimization）简称为 SRH 算法。从图 6.10 中可以看出，本书所提出的算法的三个精度指标均远高于其他三种方法相应的精度指标。本书提出的道路网提取算法精度高的原因可以归结为三个方面：一是本书采用偏度平衡算法可以获取更准确的道路强度阈值，进而也就能够获得更准确的道路点云；二是采用基于旋转邻域的狭窄道路判别法剔除了狭窄道路对城市主要干道提取的干扰；三是采用多层级道路中线融合与优化的策略，既利用了长线性结构元素提取道路结果的抗干扰性，又利用了短线性结构元素提取道路结果的完整性。综合以上优点，使得本书所提出的算法可以获得更优的完整率和正确率。

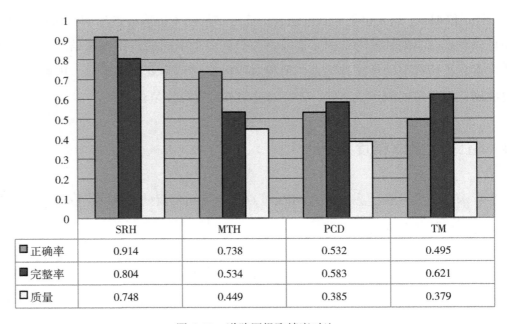

	SRH	MTH	PCD	TM
■ 正确率	0.914	0.738	0.532	0.495
■ 完整率	0.804	0.534	0.583	0.621
□ 质量	0.748	0.449	0.385	0.379

图 6.10　道路网提取精度对比

6.5　其他数据处理分析

　　为了更深入地探索算法的道路提取效果，本书采用另外三组样本数据进行实验。图 6.11（a）、图 6.12（a）和图 6.13（a）为这三个样本数据的二维浮雕图像，从图中可以看出，这三组数据具有不同的地理特征，道路分布具有不同的特点，因此有利于检验算法在不同道路环境下的提取能力。图 6.11（b）、图 6.12（b）和图 6.13（b）为这三个样本数据初始提取道路的二值图像，图中的矩形虚线圈定区域为未提取的道路（F_n），圆形虚线圈定区域为错误提取的道路（F_p）。三组样本数据的道路提取结果如表 6.2 所示。

表 6.2　三组样本数据道路网提取精度表

	第一组样本数据	第二组样本数据	第三组样本数据
正确率	0.923	0.824	0.431
完整率	0.795	0.907	0.359
质量	0.752	0.746	0.298

　　从图 6.11（a）可以看出，样本一区域中道路成规则分布，道路布局相对简单，但有部分道路因树木遮挡而造成数据缺失，致使生成的道路二值图像中有部分道路出现断裂情况，如图 6.11（b）中的红色虚线矩形框定范围所示。最终提取的道路中线也缺乏完整性（图 6.11（c）），致使完整率 C_p 不高。

　　在图 6.12（a）所示区域，有许多居民区域间的狭窄道路，但由于采用了基于旋转邻域的狭窄道路去除法，使得最终提取的道路网（图 6.12（c））几乎不受这些狭窄道路的影响。但此区域的主要问题在于存在大量的似道路区域，这些区域的材质和道路十分接近，而且部分似道路区域同道路一样也呈带状分布，因此本书所提算法对于这些区域难以进行有效识别，使得最终提取的道路结果包含较多的错误道路（F_p），这也是该区域道路提取正确率 C_r 较低的原因。

　　图 6.13（a）所示区域情况较复杂，首先道路周围覆盖大量的密集植被，使得部分区域道路点云数据严重缺乏。再者，道路形状不具有统一性，道路布局不具有规则性，同时有较多的广场等似道路区域。此外，该区域点云的反射强度值幅度变化小，采用本书所提的基于偏度平衡算法获取的道路点云的强度阈值为 10，但从图 6.13（b）中可

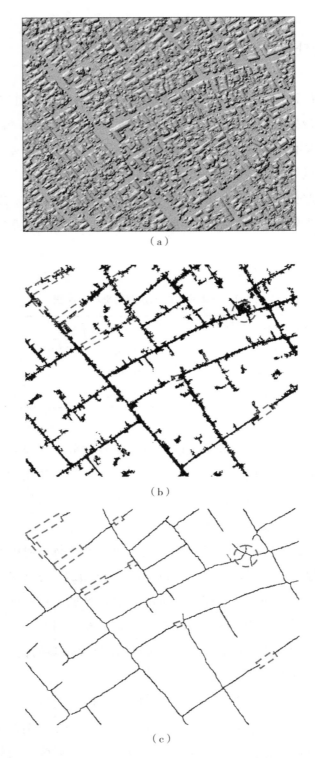

（a）

（b）

（c）

图 6.11 第一组样本数据道路网提取

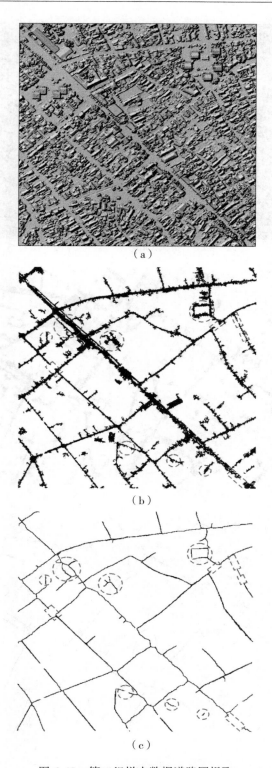

(a)

(b)

(c)

图 6.12　第二组样本数据道路网提取

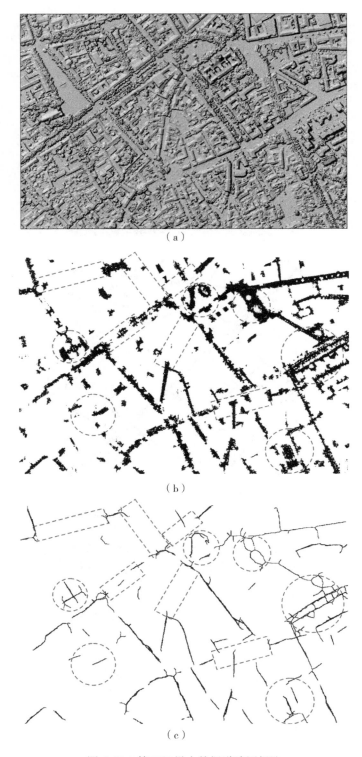

（a）

（b）

（c）

图 6.13　第三组样本数据道路网提取

以看出该阈值并未很好地将道路点云和非道路点云进行区分。综合以上各种原因，使得最终提取的道路中线包含较多的错误道路和未提取道路，致使该区域最终提取结果的三个精度指标都较低。

6.6　本章小结

本章首先介绍了本书算法的实验环境，包括硬件设备和相关软件。然后简要介绍了国际摄影测量与遥感学会提供的位于德国 Vaihingen 城市的点云数据特点，并基于此实验数据对本书所提出的城市道路网提取算法进行综合实验分析。实验贯穿道路提取的四个关键环节。实验结果表明，本书算法在道路提取的各个环节均能取得良好的处理结果。在与其他三种道路提取算法的精度对比中，本书算法在正确率、完整率和质量这三项评价指标均优于现有的其他城市道路网提取模型或算法的相应评价指标。为进一步检验本书所提算法的道路网提取效果，采用了另外三组不同区域的样本数据进行实验，实验结果同样表明本书所提出的算法能够准确地对大多数城市区域进行道路网提取。

第7章 基于高斯混合模型分离的单株植被提取方法研究

目前单株植被提取依然面临诸多难点和挑战，例如，如何在复杂植被环境区域获取高精度的单木分割结果，如何减少复杂的参数设置来提高方法的自动化程度等。针对这些问题，本书提出一种基于迁移学习和高斯混合模型分离的单木分割方法。该方法将迁移学习和高斯混合模型分离进行结合来获取准确的单株植被提取结果。

本书方法的流程图如图 7.1 所示。在进行树干探测之前，首先采用 Hui 等提出的改进的形态学滤波方法[13]进行点云滤波，去除地面点云对树干探测的影响。在移除地面点云之后，采用迁移学习方法实现树干点云探测，进而根据竖直连续性原理获取树干中心点。基于获取的树干中心点位置采用最邻近聚类方法实现初始点云分割。一般而言，初始分割结果往往存在欠分割现象。为实现树冠点云的正确分割，首先基于 PCA 准则对树冠点云进行投影变换。进而通过核密度函数估计确定各个初始分割对象中混合成分的数目。之后，依据计算出来的混合成分数目，通过高斯混合模型分离实现树冠点云提取。为避免树冠点云存在过分割现象，本书提出点密度重心方法来优化树冠分割结果。最后，基于提取出来的树冠点云，采用从上至下的方法获取每个树冠所对应的树干点云，实现完整的单株植被提取。

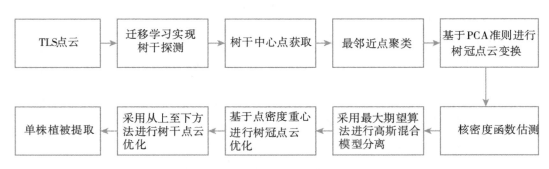

图 7.1　本书方法的流程图

7.1　基于直推式迁移学习进行树干探测

迁移学习是近年来发展十分迅速的一种机器学习方法。相较于传统的监督学习方法，迁移学习能够利用已经建立好的学习模型去解决不同相关领域的问题[79]。自然界有许多迁移学习的例子，例如，一个人如果学会了骑自行车，那么他再学骑电瓶车就会比较容易。根据源域和目标域是否有样本标记，可将迁移学习分为三类：归纳迁移学习、直推式迁移学习和无监督迁移学习。本书主要采用只有源域中有样本标记的直推式迁移学习来实现对缺乏样本标记的点云数据进行树干探测，即利用已有树干和叶片标记信息的点云数据作为源域，通过对源域中的各个样本建立训练模型，将训练好的模型迁移应用到缺乏样本标记信息的目标域中，实现目标域中树干和叶片点云的分离。采用迁移学习实现树干探测的优势在于可以充分利用已有的点云标记信息，避免对目标域点云数据的训练样本标记，而样本标记通常是最耗时且费力的。

虽然在源域和目标域点云数据中的植被种类有可能不一样，但在自然状态下，枝干和叶片会呈现明显不同的几何特征，例如枝干更多表现为线性，叶片更多表现为面性或者散点性。为避免出现"负迁移"现象，本书主要采用计算几何特征向量建立训练模型。通过计算点云局部区域的协方差张量，进而求得线性、面性、散点性、表面曲率、本征熵等 5 个特征向量，来实现枝叶分离。由于随机森林(RF)具有简单、容易实现、计算开销小等特点，本书采用 RF 构建训练模型进行迁移学习。线性、面性、散点性、表面曲率以及本征熵等 5 个特征向量的具体计算方法如下：

以当前判断点 $\hat{p}$ 为中心，搜索与其距离小于 r 的所有点组成邻近点点集 $S_x = \{p_1, p_2, \cdots, p_k\}$，使用该点集构建邻近点协方差张量，协方差张量 C_x 计算公式如式 (7.1) 所示。

$$C_x = \frac{1}{k} \sum_{i=1}^{k} (p_i - \hat{p})(p_i - \hat{p})^{\mathrm{T}} \tag{7.1}$$

由协方差张量 C_x 可计算得到 3 个特征值 $\lambda_1 > \lambda_2 > \lambda_3 > 0$，以及对应特征向量 e_1、e_2、e_3。将特征值规范化使得 $\lambda_1 + \lambda_2 + \lambda_3 = 1$，由 3 个特征值可以构建以 5 个特征向量，如表 7.1 所示。

表 7.1 特征向量计算公式

特征向量	计算公式
线性	$V_1 = \dfrac{\lambda_1 - \lambda_2}{\lambda_1}$
面性	$V_2 = \dfrac{\lambda_2 - \lambda_3}{\lambda_1}$
散点性	$V_3 = \dfrac{\lambda_3}{\lambda_1}$
表面曲率	$V_4 = \lambda_3$
本征熵	$V_5 = -\sum_{i=1}^{3} \lambda_i \cdot \ln(\lambda_i)$

7.2 树干中心点优化及邻近聚类

采用迁移学习进行树干探测，仍然会有一些枝叶点会被误判为树干点云，如图 7.2(a)所示。相较于树干点云，这些枝叶误判点往往呈散点分布，较多表现为孤立点，并且在竖直方向不具备连续性。根据这两个特点，本书主要分两步来渐进去除误判点，获取准确的树干点云。首先将点云进行体素化，依据树干点云在树枝方向连续性较强的特点，将大多数散乱分布的误判点去除。图 7.3(a)为树干点云体素化结果，图 7.3(b)为误判点体素化结果。从图中可以看出，树干点云竖直方向连续性较强，具体表现为竖直方向的非空格网较多。而误判点竖直方向连续性较差，具体表现为竖直方向的非空格网较少。通过设定阈值，可将竖直方向连续性较差的误判点进行剔除。此外，还根据误判点通常呈散点分布的特性，将误判点进一步地剔除。主要通过将连续性判断处理后的点云进行邻近点聚类，将聚类点集个数较少的点云进行剔除。图 7.2(a)中的点云采用以上两步渐进剔除误判点的方法可获得较准确的树干点云，如图 7.2(b)所示。

从图 7.2(b)中可以看出，经过树干点云优化处理后，大部分误判点云被有效滤除，但树干上仍然存在部分毛刺点。这些毛刺点主要是由树干邻近的树枝形成的。为获取准确的树干中心，需要剔除这些毛刺点。首先将图 7.2(b)中各棵树干点云进行水平投影，然后对水平投影后的点云进行横纵格网划分，如图 7.4(a)所示。将格网宽度设置为 0.05m。从图 7.4(a)中可以看出，经水平投影后，树干主体点云分布较集中，

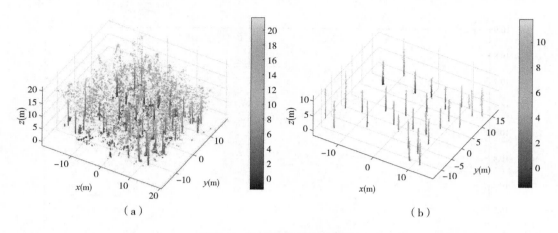

（a）　　　　　　　　　　　　　　　　　　（b）

图 7.2　树干点云提取及优化

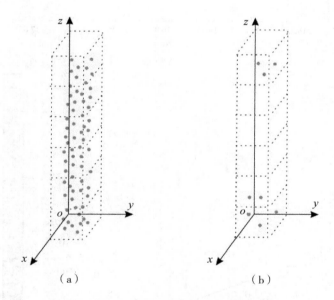

（a）　　　　　　　　　　　（b）

图 7.3　树干点云与误判点竖直方向连续性对比

而毛刺点云分布较稀疏。故可通过点密度约束，将各棵树干点云中的毛刺点剔除。将点密度约束阈值设定为点云水平投影后，各个格网内点云数目的平均值，公式表示如下：

$$
\begin{cases}
\text{th} = \text{mean}\left(\sum_{m=1}^{m=M} \sum_{n=1}^{n=N} \text{num}(IM(m, n)) \right) \\
m = \text{floor}(\text{trunk} \cdot x_i - \min(\text{trunk} \cdot x)) + 1 \\
n = \text{floor}(\text{trunk} \cdot y_i - \min(\text{trunk} \cdot y)) + 1
\end{cases}
\tag{7.2}
$$

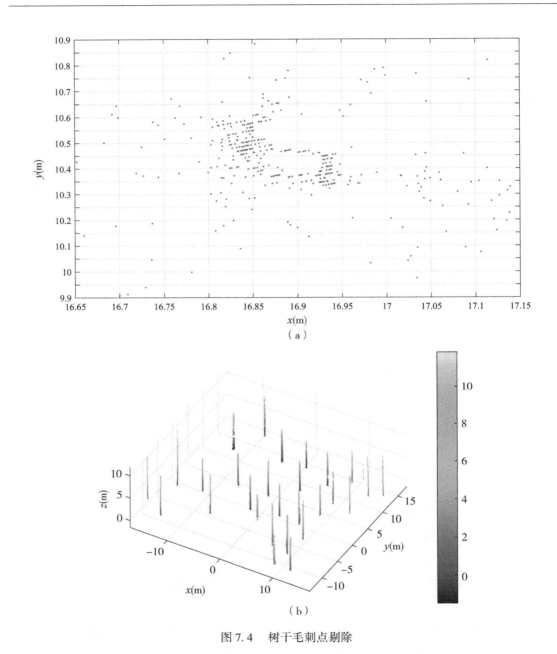

图 7.4　树干毛刺点剔除

式中，th 为点密度约束阈值；IM 为树干点云水平投影形成的二维格网；$\text{num}(\cdot)$ 为各二维格网内点云的个数；M 和 N 为二维格网横纵方向的最大值；$\text{mean}(\cdot)$ 为求均值；$\text{trunk} \cdot x_i$ 和 $\text{trunk} \cdot y_i$ 为树干点云中各点 p_i 的 x、y 坐标；m 和 n 为 p_i 点在二维格网中的格网坐标；$\text{floor}(\cdot)$ 为向下取整。去除毛刺后的树干点云可按式（7.3）进行表示。

$$\{\text{trunk}\} = \{p_i \in IM(m, n) \mid \text{num}(IM(m, n)) > \text{th}\} \tag{7.3}$$

去除毛刺之后的各棵树的树干点云如图 7.4(b)所示。从图中可以看出，树干上的毛刺点都进行了有效剔除。

去除完毛刺点后，各个树干中心点的平面位置可按式(7.4)计算求得。

$$\text{Loc}^i(x, y) = \text{mean}\Big(\sum_{j=1}^{K^i} \text{trunk}^i \cdot x_j, \ \sum_{j=1}^{K^i} \text{trunk}^i \cdot y_j\Big) \tag{7.4}$$

式中，$\text{Loc}^i(x, y)$ 为第 i 棵树树干中心的平面坐标；$(\text{trunk}^i \cdot x_j, \ \text{trunk}^i \cdot y_j)$ 为去除毛刺后第 i 棵树树干各点的平面坐标；K^i 为第 i 棵树树干点云的总数。

树干中心点计算出来后，以各个树干中心为聚类中心，对点云进行水平方向最邻近聚类，获取植被的初始分割结果，公式表示如下：

$$\text{cluster}^i = \{p_i \in ptc \,|\, \text{dis}_{xy}(p_i, \text{Loc}^i) < \text{dis}_{xy}(p_i, \text{Loc}^j), \ j \neq i, \ j \in [1, \ K]\} \tag{7.5}$$

式中，cluster^i 为以 Loc^i 为聚类中心的初始分类簇；ptc 为植被点云集；$\text{dis}_{xy}(\cdot)$ 为计算两点间的平面距离；K 为聚类中心的数目，即区域内树干的数目。

7.3　树冠点云优化分割

7.3.1　基于主成分分析的树冠点云投影变换

植被经以树干为中心进行初始分割后可以实现不同株树木的分离。但初始分割结果仍然存在植被欠分割现象。尤其是针对一些低矮植被，难以实现有效的探测。为获取精度较高的单株植被提取结果，继续以初始分割结果为基础进行进一步的优化分割。

在本书方法中，树冠和树干是分别进行提取的。为避免树干或低矮灌木对树冠提取的影响，首先对这些点进行移除，如式(7.6)所示。

$$\text{canopy}^i = \{p_k \in \text{cluster}^i \,|\, z_{p_k} - \max(z_{\text{trunk}^i}) > 0, \ k \in [1, \ nc^i]\} \tag{7.6}$$

式中，canopy^i 为树冠点云；p_k 为初始分类簇 cluster^i 中的任意一点；nc^i 为初始分类簇中点云的个数；z_{p_k} 为 p_k 点的高程；$\max(z_{\text{trunk}^i})$ 为树干点云 trunk^i 高程的最大值。

如图 7.5(a)所示，相邻较近的不同株的树冠点云容易被划分在一起。为实现单株植被的高精度提取，需要将欠分割的树冠点云做进一步分离。通常而言，准确的单株植被点云的水平投影应近似于圆形，而相互临近前分割的植被点云的水平投影则近似于椭圆形。图 7.5(b)为图 7.5(a)水平投影的结果，从图中可以看出该区域点云明显呈椭圆形分布。

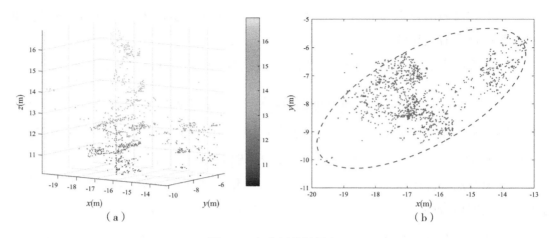

图 7.5　欠分割的树冠点云

　　为实现树冠点云的正确分离，首先采用主成分分析方法对点云进行投影变换。从图 7.6(a)中可以看出，相较于点云平面 x、y 轴方向分布，点云在椭圆长轴方向的区分度更明显，更容易将欠分割的树冠点云进行分离。图 7.6(b)为将点云在椭圆长轴 F_1 方向进行投影的结果。从图 7.6(b)中可以看出，这两棵聚在一起的树更容易实现分离。

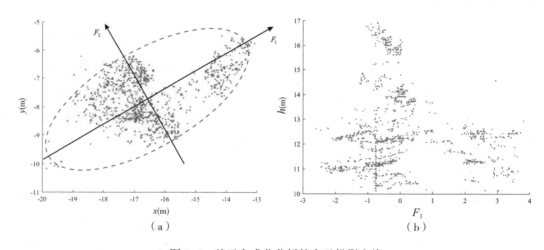

图 7.6　基于主成分分析的点云投影变换

　　椭圆长轴方向通常可定义为第一主成分方向。为避免部分孤立点对主成分分析计算的干扰，首先计算初始分类簇中各个邻近点的数目，将邻近点个数较少的点判定为孤立点并进行剔除。继而，对各个初始分类簇按式(7.1)计算该分类簇的协方差张量，并计算该协方差张量的特征值和特征向量。将最大特征值所对应的特征向量的方向定义为椭圆的长轴方向，并将点云在该方向进行投影变换。该变换过程可用式(7.7)进行描述：

$$score = X * coeff \tag{7.7}$$

式中，score 为主成分变换后的结果；X 为 $n \times 2$ 矩阵，$X(i, 1) = x_{p_k}$，$X(i, 2) = y_{p_k}$；(x_{p_k}, y_{p_k}) 为初始分类簇 $canopy^i$ 中 p_k 点的 x、y 坐标；n 为该分类簇点云的总数。coeff 为该分类簇所对应协方差矩阵的特征向量矩阵。

7.3.2　高斯核密度估计确定分类簇数目

由前文可知，以树干为中心进行植被点云分割容易出现欠分割现象，即同一个分割对象中有可能存在多棵树。从图 7.6(b)中可以看出，该分割对象中存在两棵独立树。由此也可以看出，要实现对树冠点云的优化分割，需要首先确定每个初始分割对象中分类簇的数目，即每个初始分割对象中由几棵树所组成。

从图 7.6(b)中可以看出，每棵树的中心位置往往点密度较大，而从树中心向两侧点密度呈下降趋势。因此，通过探测点密度局部极大值的个数可以实现分类簇数目的确定。图 7.7(a)和图 7.7(b)均为图 7.6(b)中点密度分布的直方图，区别在于在椭圆长轴 F_1 方向上点密度统计的间隔不同。为实现点密度局部极大值的准确探测，本书采用核密度估计方法计算各个初始分割对象的概率密度函数分布。核密度估计按式(7.8)进行定义：

$$\hat{f}_h(x) = \frac{1}{nh} \sum_{i=1}^{n} K\left(\frac{x - x_i}{h}\right) \tag{7.8}$$

式中，n 为各初始分割对象点云的个数；h 为带宽；K 为核函数。本书采用高斯核函数进行概率密度估计，公式表示如下：

$$K(x) = \frac{1}{\sqrt{2\pi}}\exp\left(-\frac{1}{2}x^2\right) \tag{7.9}$$

带宽参数 h 对高斯核密度估计的结果影响较大，图 7.8 为不同带宽参数的高斯核密度估计曲线。为实现准确的高斯概率密度估计，采用 Silverman 经验法则对带宽进行自适应计算，公式表示如下：

$$h_i = \sigma_i \left\{\frac{4}{(d + 2)n}\right\}^{\frac{1}{d+4}}, \quad (i = 1, 2, \cdots, d) \tag{7.10}$$

$$\sigma_i = \frac{\text{MAD}}{0.6745} \tag{7.11}$$

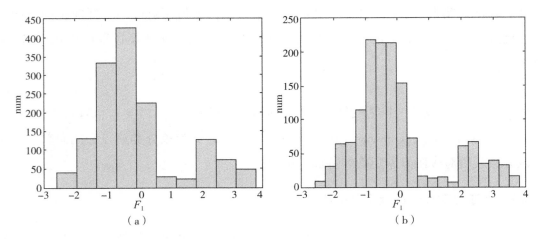

图 7.7　点密度分布直方图

式中，h_i 为第 i 维的带宽；d 为维数；在本书中，d 等于 1；n 为点云总数；σ_i 为第 i 维变量标准偏差的估计值；MAD 为各变量与均值残差绝对值的中位数，常数 0.6745 保证了在正态分布下估计是无偏的。

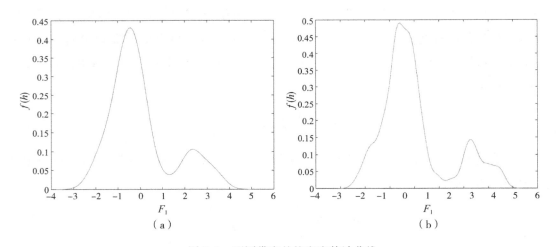

图 7.8　不同带宽的核密度估计曲线

注：（a）中的带宽为 0.4；（b）中的带宽为按式(7.10)计算出来的数值。

7.3.3　基于高斯混合模型分离的树冠点云优化分割

从图 7.8 可以看出，聚类在一起的不同株植被点云的核密度分布曲线可以看作不同高斯分布的叠加，故而可通过将叠加在一起的不同参数的高斯模型进行分离，实现不同株植被的优化分割。采用式(7.8)和式(7.10)可计算获取图7.6(a)中点云在第一主成分方向的高斯核密度估计曲线，通过探测局部极大值的数目可确定该初始分割对象中共有2个分类簇，如图7.9(a)所示。进而需要采用高斯混合模型分离方法将该混合聚类点云分为两类。

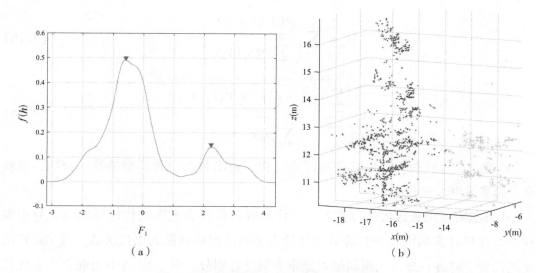

（a）　　　　　　　　　　　　　　　　（b）

图7.9　高斯混合模型分离实现植被优化分割

一般情况下，假设点云中共包含 N 类不同的点云，则高斯混合分布的密度函数为：

$$P(V|S) = \sum_{k=1}^{N} \lambda_k G_k(V|u_k, \ \delta_k) \tag{7.12}$$

式中，V 为特征向量，在本书中为主成分分析变换后的结果，即 $V = \text{score}$；S 为各混合成分；λ_k 为比重系数，表示各混合部分的先验概率；$(u_k, \ \delta_k)$ 为高斯分布的参数；分别为均值和方差；$G_k(\cdot)$ 为高斯密度函数，公式表示如下：

$$G_k(V|\mu_k, \ \delta_k) = \frac{1}{\sqrt{2\pi}\delta_k} \times \exp\left[-\frac{(V-\mu_k)^2}{2\delta_k^2}\right] \tag{7.13}$$

采用期望最大(EM)算法对高斯混合模型参数进行估计，具体包含以下四步：

(1) 初始化高斯混合分布参数，包括 λ_k、μ_k 和 δ_k，$k = 1, 2, \cdots, N$。

(2) E 步：计算各混合成分的概率 $P(S_k|V_i)$，

$$P(S_k|V_i) = \frac{P(V_i|S_k)P(S_k)}{P(V_i)} \tag{7.14}$$

式中，S_k 为第 k 类点云集合；V_i 为第 i 个点基元的特征向量。

（3）M 步：更新高斯混合分布参数 λ_k、μ_k 和 δ_k，$k = 1$，2，$\cdots$，N。

$$\lambda_k = \frac{\sum_{i=1}^{N} P(S_k \mid V_i)}{\sum_{i=1}^{N} P(S_k \mid V_i) + \sum_{i=1}^{N} P(\overline{S_k} \mid V_i)} \qquad (7.15)$$

$$\mu_k = \sum_{i=1}^{N} \left(\frac{P(S_k \mid V_i) \times V_i}{\sum_{i=1}^{N} P(S_k \mid V_i)} \right) \qquad (7.16)$$

$$\delta_k = \sqrt{\frac{\sum_{i=1}^{N} \left((V_i - \mu_k)^2 \times P(S_k \mid V_i) \right)}{\sum_{i=1}^{N} P(S_k \mid V_i)}} \qquad (7.17)$$

（4）检查是否收敛，如果收敛则停止迭代，输出高斯混合模型参数；否则，更新混合分布参数继续迭代。

EM 算法需要重复迭代进行实现。迭代的收敛条件为上次迭代计算的混合分布参数和下次迭代计算的混合分布参数变化量小于阈值或达到最大迭代次数。当 EM 算法停止迭代后，将各点按该点所属最大概率类别进行划分。图 7.6(a)中的混合点云优化分割后的结果如图 7.9(b)所示。

7.3.4　基于点密度重心的过分割植被优化合并

通过高斯混合模型分离对植被点云进行分割提取，有可能存在植被过分割的现象。即将同一棵树分割为两个或两个以上的分类簇。此外，根据树干平面中心位置进行初始分割时，也很有可能将同一棵树划分为多棵树。这种过分割现象不仅会使得提取的单株植被不完整，而且也会导致纳伪误差过大。

一般而言，过分割的植被点云它们的平面位置通常距离较近。许多学者通过计算各个分类簇最高点间的平面距离，将距离较近的植被进行合并。而有的学者则通过计算各个分类簇平面坐标的均值来判别是否合并分类簇。以上两种方法在理想情况（树木的最高点为树的顶点位置，树木是均匀对称生长的）下，能够获得有效的合并结果。但是，在自然界中由于受到光照和水环境的影响，植被的分布可能是多样的。因此，最高点和均值点并不能很好地代表各个分类簇的中心位置。为使得植被优化合并方法更具鲁棒性，通过计算各个分类簇的点密度重心位置将距离较近的植被进行合并。

从图 7.10 中可以看出，对于任何一个分类簇，它的中心位置竖直方向往往点云分布较密集。因此，各分类簇点云的平面重心位置更能代表分类簇的中心位置。将重心位置 $(\hat{x}, \hat{y})$ 定义为点云水平投影后以点密度分布为权重的加权平均值，公式表示如下：

$$(\hat{x}, \hat{y}) = \left(\sum_{i=1}^{m} \sum_{j=1}^{n} \bar{x}_{i,j} \cdot P(i, j),\ \sum_{i=1}^{m} \sum_{j=1}^{n} \bar{y}_{i,j} \cdot P(i, j) \right) \tag{7.18}$$

$$\begin{cases} \bar{x}_{i,j} = \mathrm{mean}\left(\sum x_q \right) \\ \bar{y}_{i,j} = \mathrm{mean}\left(\sum y_q \right) \end{cases} \tag{7.19}$$

$$P(i, j) = \begin{cases} 0, & \text{if}\quad \mathrm{num}(i, j) = 0 \\ \dfrac{\mathrm{num}(i, j)}{\displaystyle\sum_{i=1}^{m} \sum_{j=1}^{n} \mathrm{num}(i, j)}, & \text{otherwise} \end{cases} \tag{7.20}$$

式中，m、n 分别为点云水平投影进行格网划分后横、纵方向格网的最大值，如图 7.10 所示；$(\bar{x}_{i,j}, \bar{y}_{i,j})$ 为格网 (i, j) 的平均平面坐标；(x_q, y_q) 为格网 (i, j) 内的任意一点，$\mathrm{mean}(\cdot)$ 为均值计算；$P(i, j)$ 为格网 (i, j) 的权重；$\mathrm{num}(i, j)$ 为格网 (i, j) 内点云的数目。

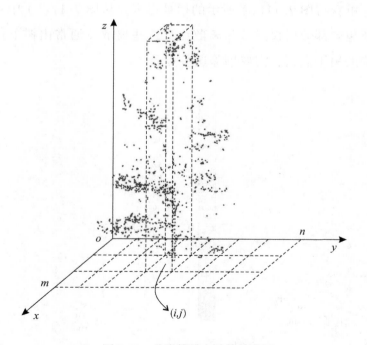

图 7.10　分类簇重心计算示意图

7.4　基于树冠的从上至下树干探测提取

虽然，在7.2节中采用直推式迁移学习法实现了树干探测，但提取出来的树干往往较少，拒真误差较大，无法与后续优化分割后的树冠点云一一对应。为实现完整单株植被的探测提取，本节继而提出一种基于树冠点云从上至下的树干点云提取方法。

通过高斯混合模型分离可以实现树冠点云的优化分割，获得单株植被树冠点云，如图7.11(a)所示。现在需要获取该树冠点云以下的树干点云。首先，计算该树冠点云的水平投影范围 [Canopy^i · $x_{\min}$, Canopy^i · $x_{\max}$]、[Canopy^i · $y_{\min}$, Canopy^i · $y_{\max}$]。继而，从式(7.6)计算获取的剩余点云集{left_pts}中，获取在该树冠点云水平投影范围内的点，公式表示如下：

$$\text{within\_pts}^i = \left\{ p_k \in \text{left\_pts} \left| \begin{array}{l} \text{Canopy}^i \cdot x_{\min} \leq x_{p_k} \leq \text{Canopy}^i \cdot x_{\max} \\ \text{Canopy}^i \cdot y_{\min} \leq y_{p_k} \leq \text{Canopy}^i \cdot y_{\max} \end{array} \right. \right\} \tag{7.21}$$

式中，Canopy^{i}为第i棵树冠点云；within_pts^{i}为该棵树树冠以下的点云。将这两部分点云合并起来，可获得图7.11(b)所示的植被点云。从图7.11(b)中可以看出，除了树冠点云，还包含部分树权点云和离散点，这些离散点通常由树下低矮灌木丛形成。为获取准确的树干点云，需要剔除这些点云。

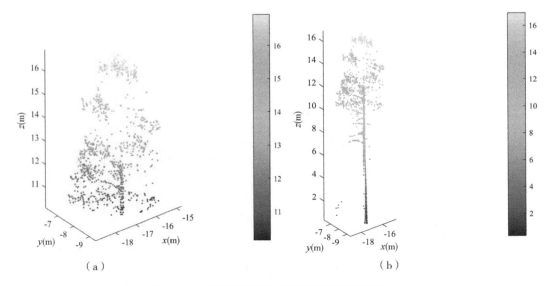

(a)　　　　　　　　　　　　　　　(b)

图7.11　基于树冠的从上至下树干探测提取(一)

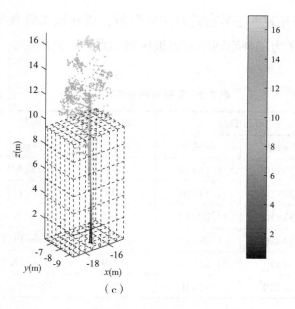

图 7.11　基于树冠的从上至下树干探测提取（二）

首先，对点云 within_pts$_i$ 进行体素化，如图 7.11(c) 所示。对任意体素 voxel$_j$，如果该体素内有点，则该体素值为 1。由前文可知，树干点云通常在树枝方向具有较好的连续性。因此，通过统计各水平格网在竖直方向上值为 1 体素的个数，将个数小于阈值的水平格网内的点云剔除，获取准确的树干点云。

7.5　多场景植被区域实验分析

7.5.1　实验数据

本书采用国际标准地基 LiDAR 公开测试数据集进行实验分析（http：//laserscanning. fi/tls-benchmarking-results/）。该数据集由芬兰大地测量研究所（FGI）采用徕卡 HDS1600 测量获取，旨在便于研究人员探究 TLS 技术在森林资源调查领域的应用潜力[222]。该数据集位于芬兰的埃沃地区（61.19°N，25.11°E），覆盖 24 个实验样地，包含多种不同类型的植被，具有不同的植被分布密度及丰富的树冠类型。每个实验样地尺寸固定，均为 32m×32m，均采用"单测站"和"多测站"两种模式进行点云数据获取。根据实验样地内植被分布情况的复杂度不同，将这些实验样地划分为三类，分别为"简单""中等"和"复杂"。在这 24 个实验样地中，有 6 个实验样地的点云数据是公开可获取的。采用这 6 组数据进行实验分析，该 6 组实验数据的具体分布特征如表 7.2 所示。图 7.12 为三种不同类型植被区域的点云示意图。

表 7.2　实验数据分布特征[22,44]

实验样地	类型	点云数目		植被密度（棵/hm²）	胸径（cm）	树高（m）
		单测站	多测站			
1	简单	2.36×10^7	1.11×10^8	498	22.8±6.6	18.7±3.9
2		2.36×10^7	1.14×10^8	820	16.0±6.9	13.7±4.0
3	中等	2.37×10^7	1.20×10^8	1445	14.8±7.4	15.5±6.8
4		2.74×10^7	1.29×10^8	762	19.6±14.1	16.1±10.2
5	复杂	2.37×10^7	1.25×10^8	1279	14.3±13.2	13.0±7.0
6		2.27×10^7	1.11×10^8	2304	12.3±5.5	13.0±6.3

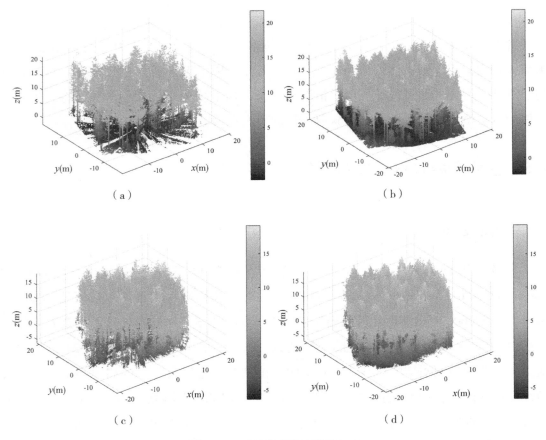

（a）　　　　　　　　　　　　　　　（b）

（c）　　　　　　　　　　　　　　　（d）

图 7.12　不同类型植被区域（一）

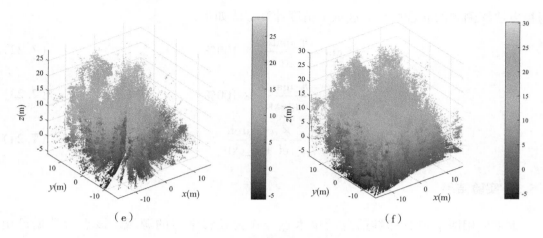

图 7.12　不同类型植被区域(二)

7.5.2　精度计算

本书主要采用如下方法进行精度计算，具体计算方法如表 7.3 所示。

表 7.3　单株植被提取精度计算方法

输入	参考树木集合 Refer_tree(x，y，DBH)，提取树木集合 Extr_tree(x，y，DBH)
步骤 1	遍历提取树木集合中的每一棵树 Extr_tree^i，查找其半径 0.5m 范围内的 Refer_tree；
步骤 2	若存在多棵 Refer_tree 与 Extr_tree^i 对应，则选取 DBH 最为接近的 Refer_tree 作为 Extr_tree^i 所对应的参考树，并将 Extr_tree^i 标记为该参考树的相同标记；
步骤 3	遍历参考数据集合中的每一棵树 Refer_tree^i，在树木集合 Extr_tree 中查找与 Refer_tree^i 相同标记的提取树；
步骤 4	若存在多棵提取树与 Refer_tree^i 对应，则保留 DBH 最接近的提取树的标记，移除其他提取树的标记
输出	n_match：在 Extr_tree 与 Refer_tree 中具有相同标记的树木个数； n_refer：参考树木的个数； n_extr：提取树木的个数

主要采用完整率 Com、正确率 Corr 以及平均精度 Mean_acc 来定量评价本书植被提取方法的优劣。完整率反映方法对植被的探测能力，而正确率则反映方法探测树木的正确性。平均精度则衡量的是随机选择的提取树为正确的探测以及随机选择的参考

树被方法探测到的联合概率。这三个精度计算方法如下：

$$\mathrm{Com} = \frac{n\_\mathrm{match}}{n\_\mathrm{refer}} \times 100\% \qquad (7.22)$$

$$\mathrm{Corr} = \frac{n\_\mathrm{match}}{n\_\mathrm{extr}} \times 100\% \qquad (7.23)$$

$$\mathrm{Mean\_acc} = \frac{2 \times n\_\mathrm{match}}{n\_\mathrm{ref} + n\_\mathrm{extr}} \times 100\% \qquad (7.24)$$

7.5.3 实验结果

本书使用两个带有标签信息的单木点云作为迁移学习的源域。该点云数据已由 Moorthy 等[97] 使用开源软件 CloudCompare 进行了准确的枝叶分离。这两棵树的点云数据分别由 Riegl VZ-400 和 Riegl VZ-1000 地面激光扫描仪获取。如图 7.13 所示，枝干点云为黄色，叶子点云为蓝色。在迁移学习中，尽管树木种类在源域和目标域内可能有所不同，但枝干点和叶子点往往具有明显不同的几何特征。通常，树木点表现为线性特征，而叶子点呈现散点性。通过计算每个点的 5 个几何特征向量，可以建立源域的迁移学习模型。然后将所建立的模型应用于上文提到的六个场景的目标域中，来区分单木点云中的枝干点和叶子点。利用 2.2.1 小节中所提方法优化树干点后，无论是在单测站还是在多测站模式中，每个场景的树干点都能被提取出来，如图 7.14 所示。从图中可以看出，简单场景（图 7.14（a~d））比复杂场景（图 7.14（i~l））往往能被提取

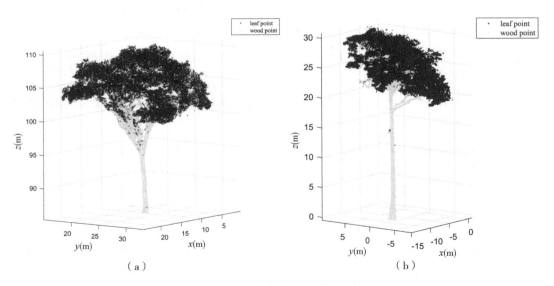

图 7.13　具有标签信息的两棵独立树点云

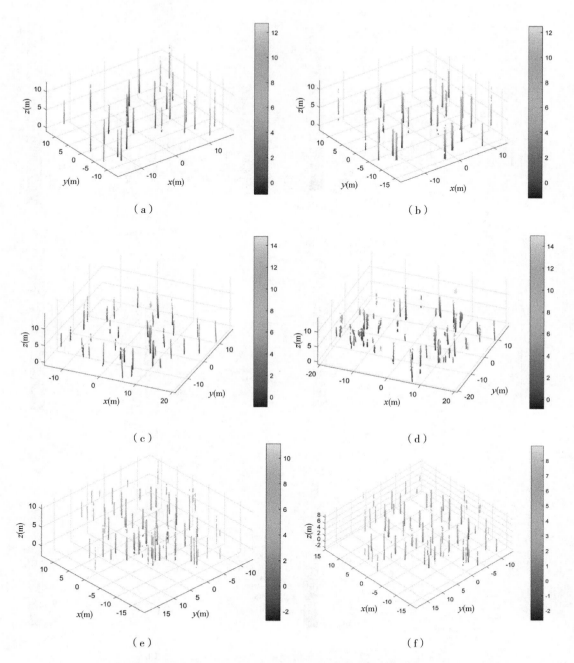

图 7.14 六个不同场景在多测站模式和单测站模式下的树干提取结果(一)

出更多的树干。这是因为复杂场景中的树木更加密集并且复杂,如图 7.12(e)和(f)所示。复杂场景中,树干点与树叶点的线性几何特征没有显著差异。因此,许多树干无法被探测到。此外,还可以发现,多测站模式点云中提取的树干比单测站模式点云

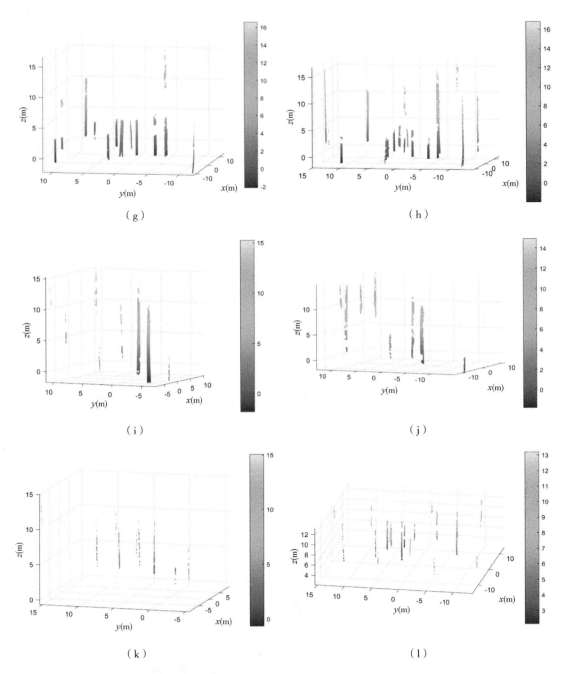

图7.14 六个不同场景在多测站模式和单测站模式下的树干提取结果(二)

中提取的树干多。这是因为多测站模式得到的点云数据更加完整。因此,树干的线性特征会更加显著。然而,树干的提取效果依然不是很好,尤其是在困难场景。树干的提取结果常常包含较大拒真误差。但是，在本书中被提取的树干仅作为初始分割的聚类中心。此欠分割结果可通过下文的高斯混合模型分离进行优化，获得较准确的结果。

提取树干之后，通过将树干点投影到水平面上，可以得到初始的聚类中心。根据聚类中心，可以得到初始的分割结果。如上所述，由于提取的树干结果通常包含拒真误差，初始的单木分割结果往往是欠分割的。采用 2.2.2 小节、2.2.3 小节、2.3 节和 2.4 节所述方法，欠分割的树冠能够被准确分离。之后，根据垂直连续性原理采用自顶向下的方法提取每个树冠对应的树干点。图 7.15 为采用本书方法所提取的部分单株植被。

从图 7.15 中可以看出，本书方法能够获得较好的单株植被提取结果。首先采用迁移学习方法获取树干点云。然后，利用提取的树干中心，在初始分割的基础上提取每棵树的树冠点。树冠被准确提取之后，采用自上而下的方法提取与每个树冠对应的树干。因此，本书方法可以看作是自下而上和自上而下两种方法的结合。

Liang 等[221] 同时提供了上述六个场景中树木的准确位置。因此，可将本书方法的结果与准确结果进行对比分析。提取的树木和准确的树木位置如图 7.16 所示。从图中可以看出，虽然部分树木没有被准确探测到，但大部分被提取的树木是正确的，只有少数的树木被错误探测。另外，多测站模式点云相比于单测站模式点云能够准确提取更多的单木。这是因为多测站模式可以提供更加完整的树木点。另一点需要注意的是，随着森林场景越来越复杂，能够有效提取的单木越来越少。如图 7.16 所示，简单场景（图 7.16（a）~（d））比中等和复杂场景（图 7.16（e）~（l））能提取出更多的单木。这是因为中等和复杂场景的森林密度远大于简单场景，如表 7.2 所示。显然，浓密的树木不易被提取。此外，如图 7.12 所示，简单场景中的树木直观上更容易被分离。

7.5.4　对比与分析

为了定量评价本书方法的优劣，根据式(7.22)~式(7.24)，分别计算六个场景的完整率、正确率和平均精度三个指标。同时，测试另外两种经典的单木提取方法，并与本书所提方法的精度指标进行对比。第一种方法是基于标记的分水岭分割方法，该方法由 Chen 等[85] 提出。在该方法中，使用大小可变的窗口检测树顶，窗口尺寸可以根据树冠大小和树高之间的回归曲线来估计。之后选择树顶作为分水岭分割的标记，以防止过分割。第二种经典的单木提取方法是由 Li 等[95] 所提出的，根据树木之间的水平间距对单木进行分离。一般而言，树顶之间的水平距离要大于树底部的水平距离。因此，可以根据单木之间的相对间距，从树顶开始生长逐步获取单木点云。换言之，

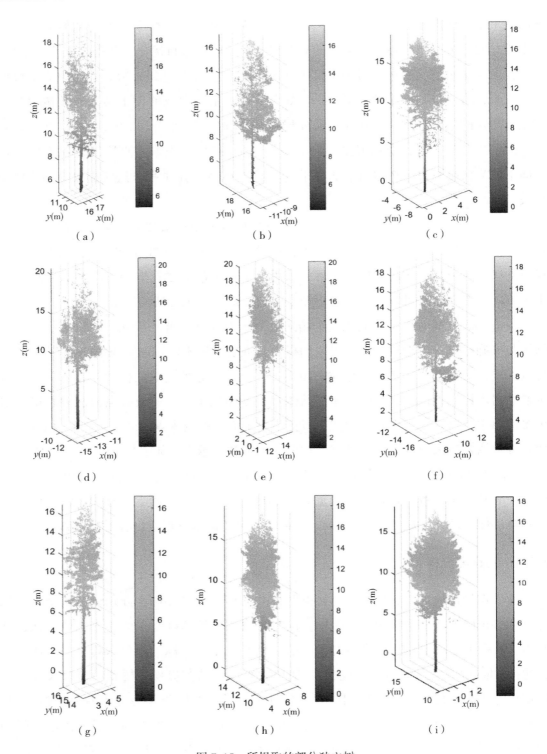

图 7.15　所提取的部分独立树

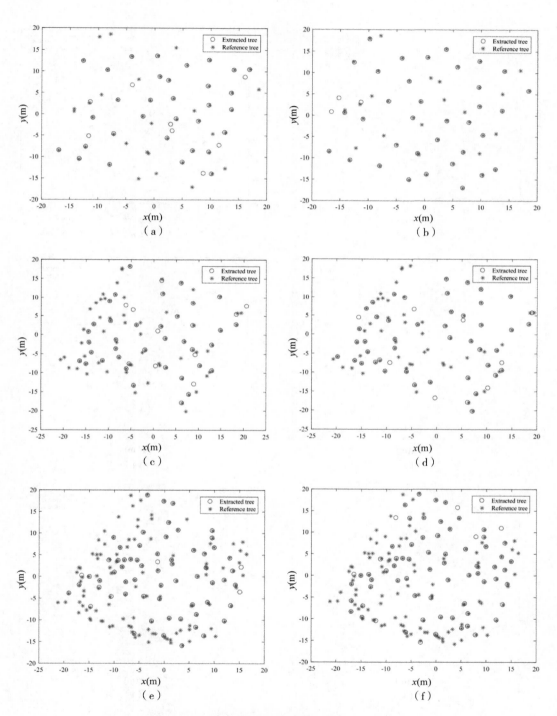

图 7.16　提取结果与准确结果树木平面位置对比图(一)

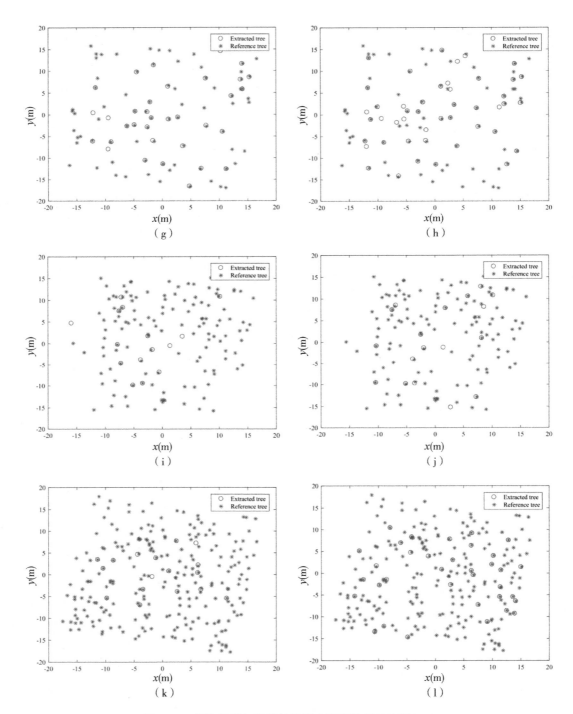

图 7.16　提取结果与准确结果树木平面位置对比图(二)

同一棵树的点相对间距较小，因此可以逐步加入；而不同树的点的间距较大，将不会被逐步加入。选择这两种方法的原因在于它们的原理简单，并且这两种方法已被研究人员应用到商业软件中。因此，能够客观地进行单木提取结果的比较。

　　本书方法对上述六个场景的精度指标计算结果如表 7.4 所示。每一个场景都包括单测站和多测站模式。由表 7.4 可以看出，使用本书方法提取的单木，具有较高的正确率。几乎所有场景的正确率都大于 80%，平均正确率为 87.68%。此外，还可以得出与 Liang 等[221]相同的结论，即更高的正确率通常是以较低的完整率为代价。该方法的平均完整率是 37.33%。相比于正确率和完整率，平均精度是一个相对平衡的精度指标。简单场景的平均精度是 69.85%，中等场景的平均精度是 57.36%，复杂场景的平均精度是 18.57%。因此，可以得出与图 7.16 相同的结论，即当森林环境变得复杂时，本书中提到的方法性能将有所下降。

表 7.4　三类精度指标对比

类型	样本	完整率	正确率	平均精度
简单	plot_1_SS	64.71%	82.50%	72.53%
	plot_1_MS	68.63%	92.11%	78.65%
	plot_2_SS	47.62%	85.11%	61.07%
	plot_2_MS	54.76%	86.79%	67.15%
中等	plot_3_SS	41.89%	95.38%	58.22%
	plot_3_MS	45.27%	94.37%	61.19%
	plot_4_SS	38.46%	88.24%	53.57%
	plot_4_MS	44.87%	76.09%	56.45%
复杂	plot_5_SS	9.16%	80.00%	16.44%
	plot_5_MS	11.45%	83.33%	20.13%
	plot_6_SS	6.36%	88.24%	11.86%
	plot_6_MS	14.83%	100.00%	25.83%

　　图 7.17~图 7.19 所示为本书方法与 Chen 等[85]和 Li 等[95]所提出的两种方法的完整率、正确率和平均精度的比较。就完整率而言，除 plot_5_SS 和 plot_6_SS 之外，本书方法能够取得更好的提取结果。实验结果表明，本书方法的平均完整率要远高于其他两种方法。就正确率而言，本书方法的结果也是优于其他两种方法的结果。采用本

书方法，几乎所有场景的正确率都大于80%，而其他两种方法的最大正确率在40%以下。结合图 7.17 和图 7.18 所示的完整率和正确率，可以看出本书方法在确保单木较高提取正确率的同时，能够实现更多的单木提取。在平均精度方面（图 7.19），可以看出本书方法比其他两种方法效果更好。此外，当森林环境由简单变为复杂时，这三种方法的平均精度都有所下降。由此可见，在复杂的森林环境下实现准确的单木提取仍然具有挑战性。

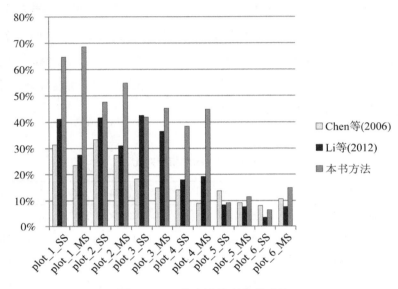

图 7.17　三种方法的完整率对比

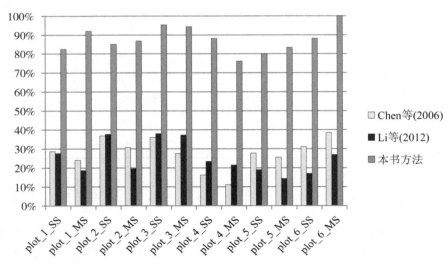

图 7.18　三种方法的正确率对比

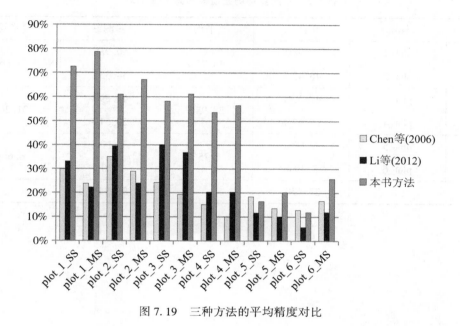

图 7.19　三种方法的平均精度对比

7.5.5　讨论

本书首先采用直推式迁移学习方法探测树干，这是获取初始分割结果的关键。因为初始分割是根据树干中心通过最邻近聚类得到的。表 7.5 所示为在不同场景中使用直推式迁移学习得到的树干探测率。不难看出，树干的探测率随着森林环境复杂程度的提高而降低，这与单木提取结果的规律相似。由此可见，树干的探测结果，对最终的单木提取结果有一定的影响。虽然通过高斯混合模型分离可以优化初始分割结果，但如果初始分割结果太差，单木的提取效果也不会太好。图 7.20(a) 所示为简单场景(场景 1)的初始分割结果。从中可以看出，虽然初始分割时将部分邻近的树分割在一起，但分割结果仍然相对较准确。对于一些欠分割的邻近树木，可以通过后续方法做进一步的分割。作为对比，图 7.20(b) 为复杂场景(场景 6)的初始分割结果。从图中很难找出准确分离的单木。虽然图 7.20(a) 和图 7.20(b) 都存在欠分割植被，但是由于图 7.20 的初始分割结果太差，致使最终的优化分割结果也不会太好。

表 7.5　不同复杂场景植被的树干探测率

类型	样本	单测站	平均	多测站	平均
简单	plot_1	50.98%	48.71%	50.98%	54.66%
	plot_2	46.43%		58.33%	
中等	plot_3	41.22%	28.95%	41.89%	31.20%
	plot_4	16.67%		20.51%	
复杂	plot_5	6.11%	4.75%	6.11%	6.66%
	plot_6	3.39%		7.20%	
平均		27.47%		30.84%	

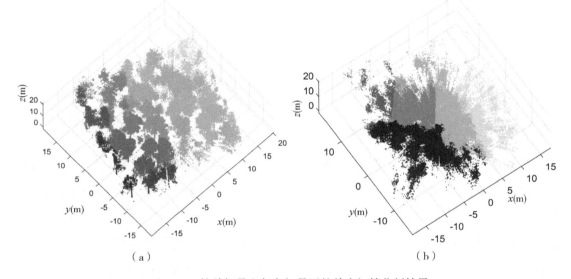

图 7.20　简单场景和复杂场景下的单木初始分割结果

　　如前文所述，在初始分割结果中，一部分邻近树会被聚集为一类。这些欠分割的树需要进一步分离。因此，需要采用高斯混合模型分离方法对欠分割的树冠做进一步的分割。在高斯混合模型分离中，分类数量直接影响分离结果。图 7.21 为进行高斯混合模型分离时，不同分类数对应的不同分离结果。显然，如果分类数量大于参考树木的个数，这个分离结果是过分割的。如果分类数量小于参考树木的个数，这个分离结果欠分割。因此，应确定准确的分类数。本书使用核密度估计来计算分类数。通过探测核密度分布曲线局部极大值的个数，可以自动获取混合成分的个数。

　　虽然，通过高斯混合模型分离可以优化欠分割的树木，但是该方法仍然难以对

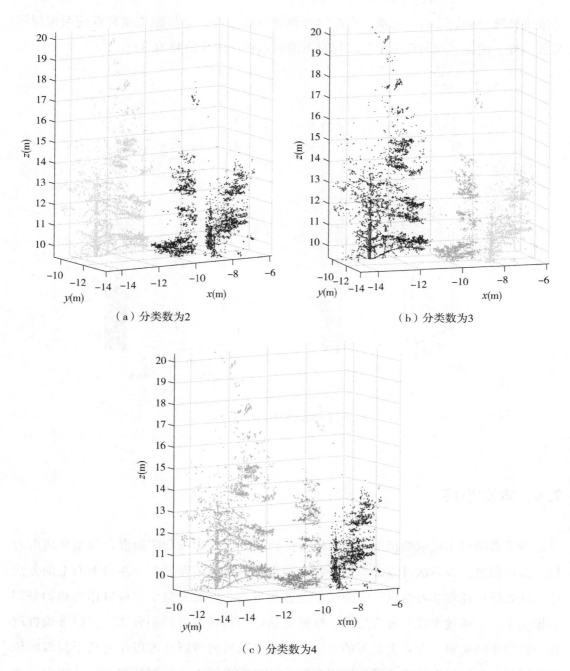

（a）分类数为2　　　　　　　　　　　　　　（b）分类数为3

（c）分类数为4

图 7.21　采用不同分类数进行高斯混合模型分离的结果

"树下树"进行准确分离，如图 7.22（a）和图（b）所示。显然，提取结果存在拒真误差，较矮小的树没有被有效探测出来。导致这一结果的原因有两个：一方面，由于不能有效探测到较矮小的树所形成的核密度分布曲线的局部极大值，因此无法基于核密度估计准确计算分类数；另一方面，高斯混合模型分离方法容易将距离非常近的两棵树错分成一棵。因此，如何探测生长在树冠下的树木将是未来研究的重点。

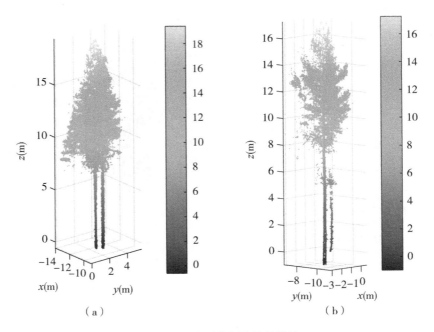

图 7.22 错误分割的单株植被

7.6 本章小结

为了提高单木提取的精度，本书提出一种基于迁移学习和高斯混合模型分离的方法。总体而言，该方法可以看作自下而上和自上而下的结合过程。在自下而上的方法中，首先使用迁移学习对点云中的树干点进行分类。提取的树干点可以作为初始分割的聚类中心。通过主成分分析变换、核密度估计和高斯混合模型分离，可以准确提取每一株单木的树冠。在自上而下的方法中，被提取出的树冠点可以作为树干提取的依据。树干点可以根据垂直连续性原则来提取。本书采用六种不同植被环境的树木来测试文本方法的优劣。实验结果表明，迁移学习可以实现树干点的分类。虽然分类结果可能包含拒真误差，但树干点仍然可以被用于树木的初始分割。通过高斯混合模型分离，可以实现欠分割树冠的优化初始分割。实验结果表明，本书方法在单测站和多测站模式的六个场景中，平均正确率可以达到 87.68%，该结果要远优于其他两种方法。

此外，在完整率和平均精度方面，也优于其他两种方法。因此，本书方法在保证获取较高树木提取精度的同时，可以实现更多的树木探测。但是本书方法依然无法对部分低矮植被，尤其是生长在树冠下的植被进行准确的单木分离。如何进一步提高单木分离的精度将是进一步研究的方向。

第8章 分形维引导下的多尺度集成学习 LiDAR 点云枝叶分离方法研究

传统的枝叶分离方法无法从密集的叶片点云中提取完整的枝干，枝叶分离的结果易受到噪声点的干扰，致使枝叶分离的精度较低。此外，枝叶分离方法对复杂植被环境的适应能力较差，无法针对复杂形态的植被实现枝干的有效探测。针对上述问题，本书提出一种分形维引导下的多尺度集成学习 LiDAR 点云枝叶分离方法。首先，将分形理论应用于枝叶分离中，通过对三维点云数据体素化并采用包围盒法计算各个点的分形维，以反映枝干和叶片不同的形态特征和复杂程度。然后，根据枝干和叶片的生长规则不同，通过计算点云局部法向量与竖直方向夹角的变化幅度，增强枝干和叶片的识别能力。最后，构建邻近点集的协方差张量，通过计算该协方差张量的三个特征值和对应的特征向量，获取几何形态特征向量。为充分利用植被的三维空间信息，获取枝叶点云的多尺度特征向量，并采用集成学习模式获取高精度的枝叶分离结果。通过本书方法研究，有望为枝叶分离及叶面积指数计算、植被三维重建等后处理应用提供重要的理论基础和实际应用价值。

8.1 分形维特征向量计算

在欧几里得几何中，物体通常被视为规则形状，并且其对应的几何特征可以确定为整数维，例如一维、二维、三维等。然而，在现实生活中一些复杂且不规则的物体，例如海岸线、雪花等的复杂性无法用整数维来描述。为了能够更好地描述这些物体的复杂度和粗糙度，分形理论逐渐成为现代数据的一个新分支。如今，该理论已广泛应用于信号分析和图像处理等许多领域。

在分形理论中，分形维数是描述分形形态的重要指标，分形维数的值将指示复杂对象的不规则性和粗糙度，分形维数可以用不同的方法来计算。本书采用原理简单、易于实现盒维方法计算分形维，公式表示如下：

$$\mathrm{Dim} = \lim_{\varepsilon \to 0} \frac{\mathrm{loge}^{(N(\varepsilon))}}{\mathrm{loge}^{(1/\varepsilon)}} \qquad (8.1)$$

式中，ε 为立方体的边长；$N(\varepsilon)$ 为用此小立方体覆盖被测形体所得的数目；当 ε 接近 0 时可以计算分形维数 Dim。但是，就点云而言，立方体的边长不能无限接近 0。此外，ε 通常是离散的。为了更好地描述分形维数，可以将式(8.1)更改为式(8.2)的形式。

$$\mathrm{loge}^{(N)} = - \mathrm{Dim} \times \mathrm{loge}^{(\varepsilon)} + b \qquad (8.2)$$

式中，b 为常数。显然，一系列不同的边长将形成一系列不同被占用立方体的数目。通过在 $\mathrm{loge}^{(\varepsilon)}$ 和 $\mathrm{loge}^{(N)}$ 之间应用最小二乘法拟合，便可以计算出分形维。

对于三维植被点云而言，枝干点云和叶片点云具有明显不同的形态特征。为实现树干和叶片的准确分离，本书采用如下步骤进行实现：

（1）对原始点云建立 kd 树；

（2）遍历每个点，获取该点半径 r 内的邻近点集 $\mathrm{Set}^r\{p_i\}$；

（3）用一系列不同长度的立方体边长 $\varepsilon = \{0.05,\ 0.10,\ \cdots,\ r\}$ 对该临近点集进行体素化，如图 8.1(a)所示，并计算相应的被占用立方体数 $N(\varepsilon)$；

（4）使用最小二乘法拟合，按式(8.2)计算分形维数，并重复步骤(2)和(3)，直到所有点云都被遍历完为止。

图 8.1(b)为分形维计算后的植被灰度显示图，从图中可以看出，枝干和叶片具有较明显的不同点。因此，采用分形维特征向量能够提升枝叶分离的效果。

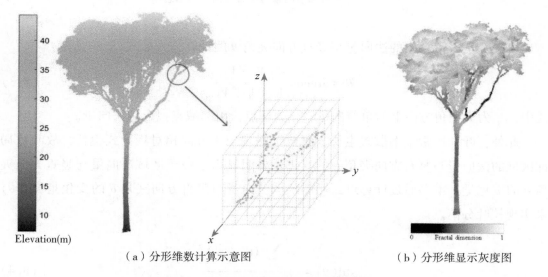

（a）分形维数计算示意图　　　　　　（b）分形维显示灰度图

图 8.1　植被点云体素化与分形维灰度显示

8.2　生长规则特征向量计算

实验结果如图 8.1 所示。枝干和叶片具有明显不同的生长规则。例如，枝干往往倾向于笔直地向上生长，而叶片则更倾向于发散式生长。此特点表现为枝干点云局部区域的法向量与竖直方向间的夹角较小，如图 8.2 所示。

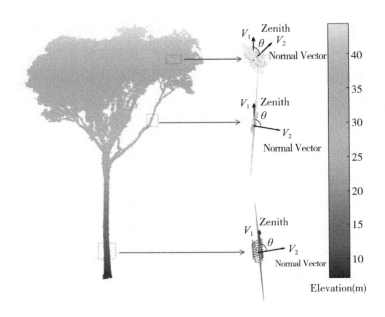

图 8.2　点云局部法向量与竖直方向夹角示意图

由局部点云拟合出的法向量与竖直方向夹角 θ 的计算公式如式(8.3)所示：

$$\theta = \arccos \frac{V_1 \cdot V_2}{\parallel V_1 \parallel \ \parallel V_2 \parallel} \tag{8.3}$$

式中，V_1 为天顶角方向上的单位向量；V_2 为该点云由邻域点拟合的法向量。

此外，叶片通常呈发散式生长，而枝干则表现为方向相对集中式生长，故叶片局部区域的法向量与竖直方向夹角 θ 的变化量要明显高于枝干区域法向量与竖直方向夹角 θ 的变化量。本书通过计算点云局部区域法向量与竖直方向夹角 θ 的变化量 $\mathrm{std}(\theta)$ 来实现枝叶分离。

$$\mathrm{std}(\theta) = \sqrt{\frac{\sum_{i=1}^{n} (\theta_i - \overline{\theta})^2}{n}} \tag{8.4}$$

式中，$\bar{\theta}$ 为法向量夹角变化的均值；n 为该尺度下邻近点的个数。

图 8.3(a) 为树干和叶片以法向量与竖直方向的夹角 θ 进行灰度显示的区分示意图，图 8.3(b) 为树干和叶片夹角的变化量 $std(\theta)$ 进行灰度显示的区分示意图。从图中可以看出，相较于法向量与竖直方向的夹角 θ，法向量夹角的变化量 $std(\theta)$ 更能有效实现树干和叶片的分离。因此，本书主要采用 $std(\theta)$ 作为特征向量实现枝叶分离。

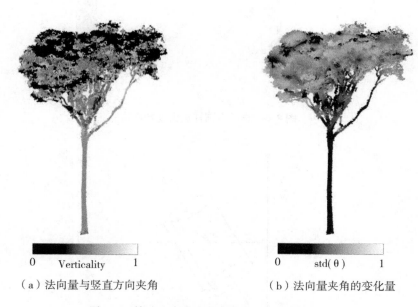

（a）法向量与竖直方向夹角　　　　　　（b）法向量夹角的变化量

图 8.3　枝叶法向量变化灰度显示区分示意图

此外，叶片通常呈聚集式生长，整体表现为叶片区域的局部点密度较大，故可通过求取局部点密度将枝干和叶片进行有效分离。本书根据枝干的呈圆柱状分布，通过统计圆柱范围内点云的数目来计算点云局部点密度，如图 8.4 所示。

圆柱体的方向设定为点云局部区域法向量的垂直方向，故有利于统计出枝干区域准确的点密度。点密度计算公式如下：

$$Density(p) = Num[q_i \in cyl(p, r, h, \beta), \quad i = 1, 2, \cdots, N] \qquad (8.5)$$

式中，$Num[\Delta]$ 为满足条件 Δ 的点的个数；$cyl(p, r, h, \beta)$ 为以 p 点为中心，r 为半径，h 为高度，β 为倾斜方向的圆柱，如图 8.5 所示。任意一点 q_i 位于该圆柱内，需满足式 (8.6) 所示的条件。

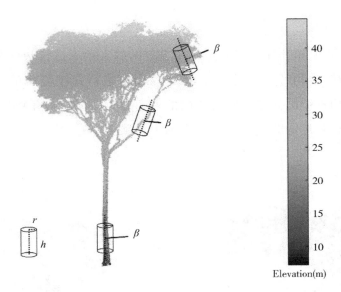

图 8.4 自适应圆柱点密度特征值

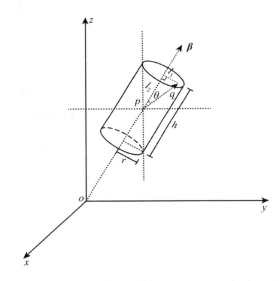

图 8.5 自适应圆柱体局部点密度计算

$$
\mathrm{cyl}(p,\ r,\ h,\ \beta) = \begin{cases}
\theta = \arccos\left(\dfrac{pq \cdot \beta}{|pq||\beta|}\right) \\[2mm]
l_1 = \mathrm{dis}(p,\ q) \cdot \sin\theta \leqslant r \\[2mm]
l_2 = \mathrm{dis}(p,\ q) \cdot \cos\theta \leqslant \dfrac{h}{2} \\[2mm]
\mathrm{dis}(p,\ q) = \sqrt{(x_p - x_q)^2 + (y_p - y_q)^2 + (z_p - z_q)^2}
\end{cases}
\tag{8.6}
$$

式中，(x_p, y_p, z_p) 和 (x_q, y_q, z_q) 分别为 p 点和 q 点的三维坐标；$\mathrm{dis}(p, q)$ 为 p 点和 q 点间的欧氏距离。

8.3　几何形态特征向量

自然状态下，枝干和叶片具有明显不同的几何特征，例如枝干更多表现为线性，叶片更多表现为散点性。故本书通过计算点云局部区域的协方差张量，进而求得线性、面性、散点性、表面曲率、本征熵 5 个特征向量，来实现枝叶分离。

以当前判断点 $\hat{p}$ 为中心，搜索与其距离小于 r 的所有点组成邻近点点集 $S_x = \{p_1, p_2, \cdots, p_k\}$，使用该点集构建邻近点协方差张量，协方差张量 C_x 计算公式如式（7.1）所示。

由协方差张量 C_x 可计算得到三个特征值 $\lambda_1 > \lambda_2 > \lambda_3 > 0$，以及对应特征向量 e_1，e_2，e_3。将特征值规范化使得 $\lambda_1 + \lambda_2 + \lambda_3 = 1$，由三个特征值可以构建以下五个特征向量，如表 8.1 所示。

表 8.1　特征向量计算

特征向量	计算公式
线性	$V_1 = \dfrac{\lambda_1 - \lambda_2}{\lambda_1}$
面性	$V_2 = \dfrac{\lambda_2 - \lambda_3}{\lambda_1}$
散点性	$V_3 = \dfrac{\lambda_3}{\lambda_1}$
表面曲率	$V_4 = \lambda_3$
本征熵	$V_5 = -\displaystyle\sum_{i=1}^{3} \lambda_i \times \log e^{(\lambda_i)}$

表 8.1 中五维特征向量对树枝干与树叶的区分程度如图 8.6 所示，图中特征向量都归一化到 [0，1] 区间。点云数据的线性、平面性和散点性分别表示一维、二维和三维特性。由于枝干呈现细长状，枝干点云表现为较强的一维特性、较弱的二维和三维特性，如图 8.6(a)、(b)、(c) 所示。对于表面曲率特征，越平滑的表面曲率越小，

如图 8.6(d)所示。对于本征熵,当三个特征值变化较小时,本征熵较大;当三个特征值变化较大时,本征熵较小。由于树枝处点云在树枝方向有较大的特征值,因此三个特征值大小差距较大,本征熵较小;树叶点云的三个特征值变化较小,因此有较大的本征熵,如图 8.6(e)所示。

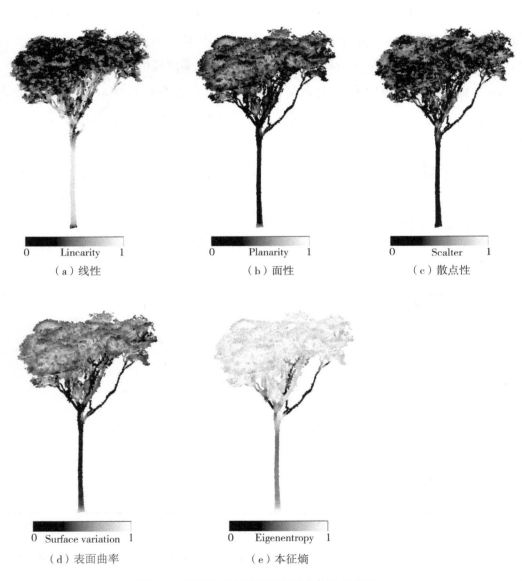

图 8.6　特征向量在枝干和树叶上值的分布图

8.4 多尺度集成模式构建

本书采用上述涉及到的 8 维特征向量进行监督学习实现枝叶分离。由于随机森林（RF）具有简单、容易实现、计算开销小等特点，采用 RF 构建监督学习模型。传统的监督学习方法往往采用单一尺度特征向量，而采用单一尺度进行监督学习时，如何获取最佳尺度是至今未能有效解决的难题。

实验表明，不同尺度下能够计算出不同的特征向量。这些不同尺度下的特征向量进行枝叶分离的能力也不同，如表 8.2 所示。从中可以看出，如果只采用单一尺度获取特征向量，不仅没有充分利用三维点云的空间信息，而且容易导致监督学习模型泛化能力差，难以适应复杂的森林植被环境。因此，本书采用多尺度集成的模式获取高精度的枝叶分离结果。

计算 L 个尺度下的特征向量，L 个尺度就构成了 L 个基分类器。假设枝叶分离结果的真实函数为 f，假定基分类器的分类错误率为 ξ，即对每个基分类器 $h_i(p)$ 有

$$P(h_i(p) \neq f(p)) = \xi \tag{8.7}$$

假设有超过一半的基分类器正确，集成分类就正确，公式表示如下：

$$H(p) = \text{sign}\left(\sum_{i=1}^{L} h_i(p)\right) \tag{8.8}$$

由 Hoeffding 不等式可知，集成分类器的错误率如下[24]：

$$P(H(p) \neq f(p)) = \sum_{k=0}^{[L/2]} \binom{L}{k} (1-\xi) \xi^{L-k} \tag{8.9}$$

$$\leqslant \exp\left(-\frac{1}{2}L(1-2\xi)^2\right)$$

由式（8.10）可以看出，尺度 L 越大，相应的集成分类的错误率就越小。因此，采用多尺度集成模式构建监督学习模型能够提升模型的分类精度。此外，为了有效提高单尺度的分类精度，避免个别错误分类点的干扰，对单尺度分类的结果进行了优化。即对单尺度的分类结果求取任意一点的 k 邻近，将该点的分类标签定义为该点 k 邻近点标签的众数。

具体的多尺度集成分类步骤如下：

（1）对三维点云数据计算 L 级多尺度特征向量 Vectors_k^i，$k = 1, 2, \cdots, 8$，$i = 0.10, 0.15, \cdots, 0.05(L+1)$；

表 8.2　不同尺度特征向量对比

	尺度 1	尺度 2	尺度 3
特征向量 1			
特征向量 2			
特征向量 3			

（2）基于 Vectors_k^i 构建当前尺度下的 RF 分类模型 $h_i(p)$，并获取枝叶分类结果；

（3）对该尺度下的枝叶分类结果进行 k 邻近优化，获取单尺度优化分类结果 $\overline{h_i}(p)$；

（4）采用众数投票法对 L 级的枝叶分类结果进行集成，获得最终的枝叶分类结果，公式表示如下：

$$H(p) = \begin{cases} 1, & \text{if } \left\{ \sum_{i=1}^{L} \overline{h_i}(p) \mid \overline{h_i}(p) = 1 \right\} > \dfrac{1}{2} \sum_{i=1}^{L} \overline{h_i}(p) \\ 0, & \text{otherwise} \end{cases} \tag{8.10}$$

8.5　实验分析

主要采用九组不同树种、不同形态特征的树木点云进行实验分析。该数据集由 Vicari 等提供[101]，主要位于 Alice Holt、Caxiuanã、Nouragues 和 Ankasa 四个区域。点云数据由 RIEGL VZ-400 型地面三维激光扫描仪采集获取，树高范围为 19.58～46.49m，点云个数为 229121～1944116，角度分辨率分别为 0.04° 和 0.06°，具体参数如表 8.3 所示[13]。9 组点云数据均采用点云可视化软件 CloudCompare 对枝干和叶片进行手工分类[25]，如图 8.7 所示。从图中可以看出，9 组实验数据具有不同的树木形态特征，有助于检验本书方法针对不同树种的枝叶分离能力。为了提高点云后续特征向量的计算效率，减小计算机内存的占用空间，对所有参与实验的点云数据进行抽稀，抽稀点间距为 0.05m。采用九折交叉验证法来获取这 9 组实验数据的分类结果，即分别将这 9 组实验数据之一作为测试数据，剩下的 8 组实验数据作为训练数据[24]。分别选取 0.10m、0.15m、0.20m、0.25m 和 0.30m 五个尺度来进行集成学习建模，获取以上 9 组数据的枝叶分离结果。

表 8.3　实验数据参数

样本	位置	树高（m）	点数	角度分辨率(°)
1	Alice Holt	19.58	474712	0.06
2	Alice Holt	22.23	144116	0.06
3	Alice Holt	19.9	802004	0.06
4	Caxiuanã	36.26	1119184	0.04
5	Caxiuanã	28.64	229121	0.04
6	Nouragues	37.26	422834	0.04
7	Nouragues	46.49	919658	0.04
8	Ankasa	34.18	499890	0.04
9	Ankasa	38.41	414382	0.04

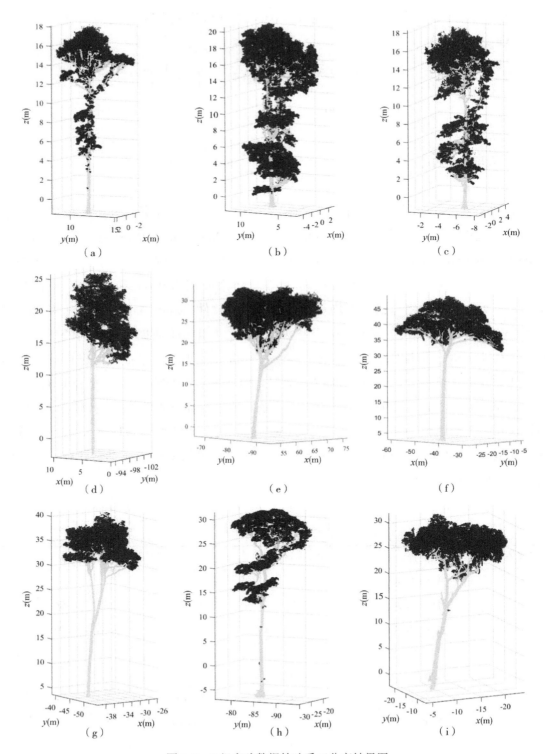

图 8.7　9 组实验数据枝叶手工分离结果图

　　主要采用准确率和 F_1 值来定量评价本书方法的枝叶分离精度。准确率和 F_1 值可根据表 8.4 所示的混淆矩阵计算获取。当将树干点作为正类时，T_p 为正确划分的树干点数，F_p 为将树干点云错误划分为叶片点云的个数，F_n 为将叶片点云错误划分为树干点云的个数，T_n 为正确划分的叶片点云个数。准确率（Accuracy）表示正确划分的点数所占点云总数的比值，如公式（8.11）所示。F_1 值（F_1）可由精度（P）和召回率（R）按式（8.14）计算所得。精度（P）表示真的正例占所有判断为真的样例的比值，如式（8.12）所示。召回率（R）表示分类器中判定为真的正例占总正例的比值，如式（8.13）所示。将树干和叶片可分别作为正例，故可相应地计算出两个不同的 F_1 值。

表 8.4　混淆矩阵

参考结果		分类结果	
		枝干	叶子
参考结果	枝干	T_p	F_n
	叶子	F_p	T_n

$$Accuracy = \frac{T_p + T_n}{T_p + F_p + F_n + T_n} \tag{8.11}$$

$$P = \frac{T_p}{T_p + F_p} \tag{8.12}$$

$$R = \frac{T_p}{T_p + F_n} \tag{8.13}$$

$$F_1 = 2 \times \frac{P \times R}{P + R} \tag{8.14}$$

　　为了更加客观地评价本书方法的优劣，选用其他两种方法采用同组实验数据进行对比分析。Belton 等和 Ma 等均采用几何特征向量进行枝叶分离[10,26]。Belton 等采用变长的邻域尺寸（0.1m、0.2m、0.3m、0.4m）计算特征向量。Ma 等采用定长的邻域尺寸（0.45m）计算特征向量。这两种方法均采用高斯混合模型（GMM）实现枝叶分离。即将不同类别的点云看作不同高斯模型的混合叠加，通过估测高斯混合模型的参数获取不同类别的聚类结果。表 8.5 为以上两种方法与本书方法的结果对比。

表 8.5　实验结果对比

样本	Ma 等(2016)			Belton 等(2013)			本书方法		
	Accuracy	F1 score (Leaf)	F1 score (Wood)	Accuracy	F1 score (Leaf)	F1 score (Wood)	Accuracy	F1 score (Leaf)	F1 score (Wood)
1	0.84	0.91	0.47	0.86	0.92	0.57	0.89	0.94	0.35
2	0.79	0.88	0.05	0.83	0.90	0.29	0.91	0.95	0.26
3	0.76	0.86	0.25	0.82	0.89	0.53	0.88	0.93	0.30
4	0.79	0.88	0.34	0.84	0.90	0.62	0.95	0.97	0.62
5	0.86	0.92	0.63	0.85	0.91	0.65	0.92	0.96	0.52
6	0.87	0.92	0.55	0.88	0.93	0.68	0.93	0.96	0.77
7	0.81	0.89	0.45	0.88	0.92	0.74	0.92	0.96	0.71
8	0.68	0.79	0.33	0.87	0.90	0.81	0.91	0.95	0.68
9	0.66	0.77	0.36	0.89	0.91	0.86	0.94	0.96	0.78
平均值	**0.78**	**0.87**	**0.38**	**0.86**	**0.91**	**0.64**	**0.92**	**0.95**	**0.55**
标准差	**0.044**	**0.024**	**0.235**	**0.005**	**0.001**	**0.229**	**0.004**	**0.001**	**0.336**

从表 8.5 可以看出，三种方法针对 9 组植被点云数据均能取得不错的枝叶分离效果，三种方法的平均枝叶分离准确率均高于 0.75。其中，本书方法能够获得最高的平均准确率(0.92)，表明此方法能够更加有效地进行枝叶分离。此外，本书方法准确率的标准差较小，表明鲁棒性较强，针对不同的植被环境均能获得不错的枝叶分离结果。当以叶片为正例时，本书方法的平均 F_1 值也要高于其他两种方法，表明对叶片的识别能力较强。通过表 8.5 可以看出，当以树干为正例时，三种方法的 F_1 值均相对较低。这主要是当植被的枝干周围生长密集的叶片时，植被的枝干较难以进行探测。例如，图 8.8(a)、(b)和(c)中的三株树木，叶片密集分布于树干和树枝的周围，这样就会对特征向量的计算带来干扰，致使枝干难以被正确探测。

由表 8.5 可知，当以树干为正例时，实验样本 2 和 3 的 F_1 值最小，实验样本 6 和 9 的 F_1 值最大。图 8.8 为以上 4 组实验样本在本书方法分离下的实验结果。从图 8.8 (a)和(b)中可以看出，当树干周围没有生长密集叶片时，树干能够被正确探测；当密集叶片环绕树干四周时，树干的正确探测率较低。图 8.8(c)和(d)的树干正确探测率较高。主要原因在于叶片主要分布于树冠区域，对树干探测的影响较小。此外，树干呈线性生长，其几何特征与叶片相差较大。从图 8.8(c)和(d)中可以看出，当植被成规则生长时，本书方法能够有效进行树干和树枝的探测，获取较高的枝叶分离正确率。

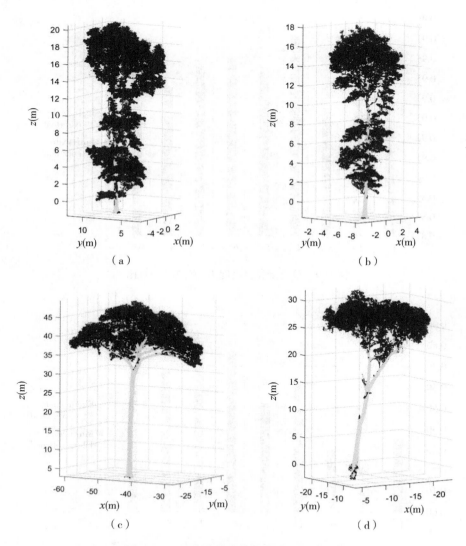

图 8.8　4 组实验样本枝叶分离可视化分析

本书采用多尺度集成学习的模式来实现枝叶分离。采用此种方法有以下两点优势：一是避免了最佳尺度的获取问题；二是能够充分利用三维点云的空间信息，有效避免单一尺度易存在误判性的缺点。图 8.9、图 8.10 和图 8.11 分别为单尺度和多尺度在 F_1 值和准确率的对比图。单尺度结果为采用邻近点半径为 0.30m 时的处理结果。从三幅图中可以看出采用多尺度集成模式在 3 个指标对比中均优于单尺度处理结果。由此也可以得出，采用多尺度集成模式能够更好地实现枝叶分离，获得更准确的枝叶分离结果。

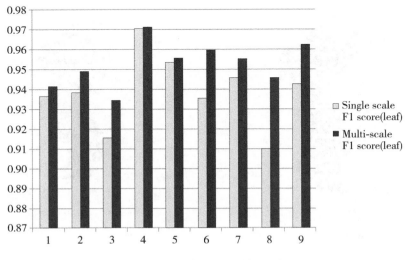

图 8.9　单尺度和多尺度 F_1 值(叶片)对比

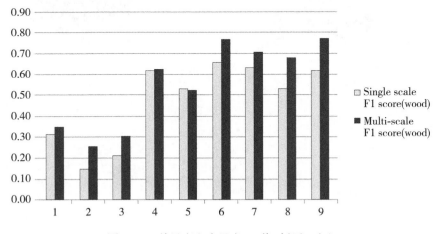

图 8.10　单尺度和多尺度 F_1 值(树干)对比

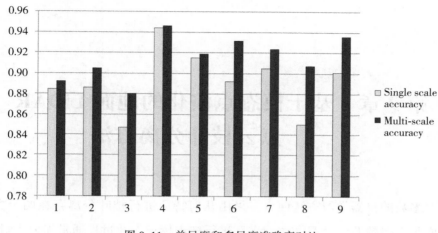

图 8.11　单尺度和多尺度准确率对比

8.6　本章小结

　　枝叶分离是森林资源调查与应用的前提和基础。针对植被枝叶分离过程中存在的枝叶分离精度低、对复杂植被环境适应能力差等缺点，本书提出一种分形维引导下的多尺度集成学习 LiDAR 点云枝叶分离方法。该方法首先构建分形维特征向量，通过计算分形维反映枝干和叶片不同的形态特征。继而，构建生长规则特征向量，通过计算法向量与竖直方向夹角的变化量及自适应圆柱点密度来区分枝干和叶片。最后，通过计算局部邻近点集协方差张量的特征值构建五维特征向量，进一步实现枝叶分离。为充分利用点云三维空间不同尺度的特征信息，采用集成学习的模式获取枝叶分离的优化结果。采用 9 组具有不同形态特征的植被点云数据进行实验分析。实验结果表明本书方法能够获得最高的枝叶分离准确率。此外，本书方法的三类精度指标针对九组数据的标准差也较小，表明鲁棒性较强，能够适应不同的植被环境。但仍然存在当密集植被环绕树干四周时，树干的探测率较低的问题。如何进一步提高树干的正确探测率将是接下来进一步的研究方向。

第9章　基于模态点演化的地面 LiDAR
点云枝叶分离方法

对于大多数的机器学习方法而言，采用几何特征进行枝叶分离存在两个方面的问题。一方面是大多数监督学习方法均需要进行样本标记。此过程通常需要大量的时间。另一方面是计算各个点的几何特征往往需要选择合适的邻域半径。不准确的邻域半径会导致分类效果较差。尽管采用多尺度邻域能够获得更好的分类结果，但计算多尺度特征需要花费成倍的时间。此外，当植被环境较复杂时，现有的方法无法获得良好的枝叶分离结果。

为解决这些问题，本书提出一种基于模态点演化的枝叶分离方法。在使用此方法获取树木点的过程中，模态点是实现本书方法的核心。获取模态点需要首先采用 Mean Shift 方法对地面 LiDAR 点云进行分割，其中每一部分的聚类中心即为模态点。之后，利用模态点构造图状结构来反映树木和叶子的主要结构信息。图中所有节点由模态点组成，每条边长代表相邻模态点之间的距离。每个节点与基点之间都存在一条路径，这里的基点是指高程值最小的模态点。通常在每一条由节点到基点的路径中，枝干节点具有较高的访问频率。这是因为每条路径都必然经过树干或树枝节点。根据这一特点，可以将具有较高访问频率的节点识别为枝干节点。与此同时，叶子节点通常是每一条路径的端节点。因此，通过路径回溯一步可以将位于路径末端的节点识别为叶子节点。但是，枝干节点往往不能被完全、准确地识别。特别是当设定的访问频率阈值较大时，所获取的枝干节点往往较少。为了获取更多的枝干节点，本书提出一种基于初始探测枝干节点进行演化的方法。其演化过程基于三个条件：通勤时间距离较小；节点应具有相似的竖直性；节点不属于根据路径回溯探测到的叶子节点。当所有枝干节点被准确探测之后，将其与对应的 Mean Shift 分割结果进行融合来得到最终的枝干点云。本书方法主要包括以下四个步骤：①采用 Mean Shift 分割方法获取模态点；②创建图形结构并进行最短路径分析；③基于路径回溯和节点演化实现叶子节点探测；④基于节点访问频率和节点演化实现枝干节点探测。具体流程如图 9.1 所示。

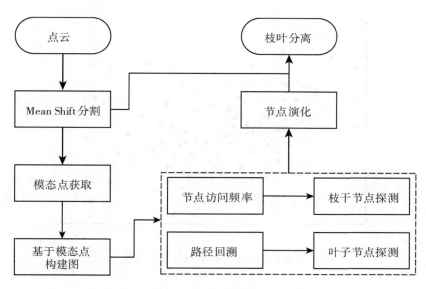

图 9.1　本书方法流程图

9.1　采用 Mean Shift 方法实现点云分割并获取模态点

如前文所述，模态点在获取树木点云的过程中有至关重要的作用。使用模态点代替点云具有两个方面的优势。一方面，以模态点代表点云分割的结果能够将基于点的枝叶分离转化为基于对象的分割。因此，这一方法能够明显提高方法的实验效率。另一方面，直接用点云数据构建图往往难以实现，而使用模态点则能够极大地减轻计算负担。

Mean Shift 方法是一种非参的聚类方法[32]。与传统的 K 均值方法相比，Mean Shift 方法不需要预设聚类数目。因此，Mean Shift 方法通常能够应用于对未知场景的聚类和分割。Mean Shift 方法也是一种迭代方法。在每一次迭代中，首先计算 Mean Shift 向量，如图 9.2 中红色箭头所示。Mean Shift 向量通常指向概率密度增大的方向。因此，经过数次迭代之后，这些点会被移动到相应的模态点位置，如图 9.2 中红色点所示。拥有相同或相近模态的点将会被聚集为一类。

Mean Shift 向量根据式(9.1)计算[33]。

$$\text{Meanshift}_h(V_p) = \frac{\sum_{i=1}^{n} V_i \cdot G\left(\left\|\frac{V_p - V_i}{h}\right\|^2\right)}{\sum_{i=1}^{n} G\left(\left\|\frac{V_p - V_i}{h}\right\|^2\right)} - V_p \tag{9.1}$$

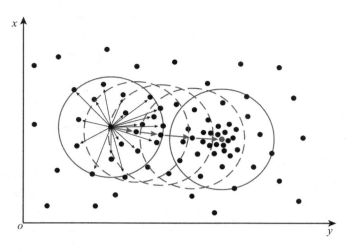

图 9.2　Mean Shift 方法的聚类过程

式中，$\text{Meanshift}_h(V_p)$ 为 Mean Shift 向量；对于三维点云而言，V_p 为 p 点的三维坐标；n 为邻近点数目，n 的值通常由带宽 h 决定；$G(\cdot)$ 为高斯方程。当 $\left\|\dfrac{V_p - V_i}{h}\right\|$ 大于 1 时，$G(\cdot)$ 值为 0。因此，带宽 h 将直接影响聚类结果[34]。h 较大时，会使更多的点聚集为一类，从而导致最终结果欠分割。反之，较小的 h 会使结果过分割。本书旨在采用 Mean Shift 方法将树干或树枝切分成小段。因此，所设置的带宽 h 仅需要大于树干的直径。一般而言，$h \in [0.5,\ 1.0]$。

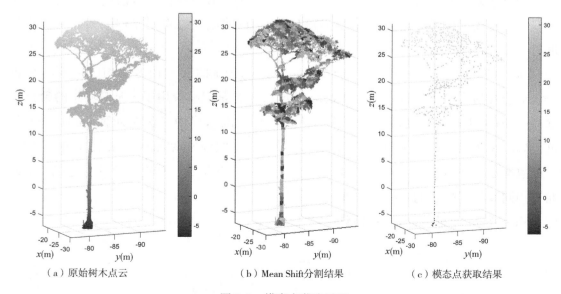

（a）原始树木点云　　　　（b）Mean Shift 分割结果　　　　（c）模态点获取结果

图 9.3　模态点获取过程

图 9.3 为基于点云获取模态点的过程。图 9.3（a）是树木原始点云数据，图 9.3（b）为 Mean Shift 分割结果，从中可以看出树干和树枝被分割成若干个小段，叶子点云被分为若干个点集。对每一个 Mean Shift 的分割对象，保留其相应的模态点，获取最终的模态点结果，如图 9.3（c）所示。

9.2　构建图形结构及最短路径分析

在获取模态点之后，便可利用这些模态点构建图形结构。相较于将所有点作为节点的方法，本书方法显然速度更快、易于实现，并且能够降低计算负担。图由节点和边组成，可表示为 Graph = (Node，Edge)。如前文所述，节点为模态点，相邻两节点之间存在一条边。为进一步降低图形结构的复杂度，采用式（9.2）进行约束。

$$\mathrm{Edge}(p_i,\ p_j) = \begin{cases} \mathrm{dis}(p_i,\ p_j), & \mathrm{if}\quad \mathrm{dis}(p_i,\ p_j) \leqslant r \\ \mathrm{false}, & \mathrm{otherwise} \end{cases} \tag{9.2}$$

式中，$\mathrm{Edge}(p_i,\ p_j)$ 为节点 p_i 和 p_j 之间的边；$\mathrm{dis}(p_i,\ p_j)$ 为这两个节点间的几何距离；r 为约束半径。式（9.2）的含义为，如果 p_j 是距 p_i 小于约束半径 r 的邻近点，则节点 p_j 和 p_i 之间存在边，且其边的权重等于两节点之间的几何距离。若 $\mathrm{dis}(p_i,\ p_j)$ 大于 r，$\mathrm{Edge}(p_i,\ p_j)$ 则不存在。显然，半径 r 会影响图的构成。该参数值往往需要通过实验获取。在一般情况下，r 应大于两倍的带宽（h）。这是因为，如果 r 小于 $2h$，图的连通性会降低，这会导致难以进行接下来的路径分析。然而，半径 r 同样不可以过大。如果 r 过大，则会增加图的复杂度。更重要的是，当进行最短路径分析时，每个节点的最短路径将不能反映树的结构。在本书中，r 设定为 $2h + 0.5$。

图构建完成之后，从每一个端节点到基点之间进行最短路径分析。在本书中，基点是指具有最低高程值的模态点。换言之，基点表示树根，其他节点是枝干或叶子。由于图具有连通性，每一个端节点到树根都有一条最短路径。每条路径由端节点到基点间所经过的节点组成。该过程可由式（9.3）进行表示。

$$\mathrm{SP}(\mathrm{Graph},\ \mathrm{base},\ p_m) = \{p_m,\ p_n,\ \cdots,\ \mathrm{base}\} \tag{9.3}$$

式中，$\mathrm{SP}(\cdot)$ 为最短路径；Graph 为所构建的图；base 为基点；p_m 为端节点；p_n 为最短路径经过的节点。本书采用著名的 Dijkstra 算法提取最短路径，如图 9.4 所示。从图 9.4 中可以看出，这些最短路径能够基本反映出树的结构特征。

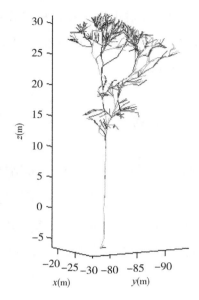

图 9.4　所有节点到基点的最短路径

9.3　基于路径回溯和节点演化的叶子节点探测

如图 9.4 所示，叶子节点通常在每条路径的末端。根据这一特点，部分叶子节点能够采用路径回溯方法进行探测。在本书中，路径回溯表示删除从端节点到基点的系列节点。删除的节点通常由回溯步数决定。由于叶子节点通常是端节点，因此每条路径中仅需回溯一步。例如，式（9.3）中节点 p_m 通过路径回溯一步的结果是 $\{p_n, \cdots, \text{base}\}$，即删除了端节点 $\{p_m\}$。

图 9.5 表示对图 9.4 进行路径回溯的结果。由图 9.5 可以看出，位于路径末端的叶子节点已被排除在路径之外。然而，部分不在路径末端的节点也不包含于路径中。这是因为最短路径方法试图获取到达基点最短的途径，导致部分节点不会被访问。为了准确探测叶子节点，需要将不在末端的节点识别出来。

鉴于叶子节点通常具有较大的路径长度，因此若未被访问的节点到基点之间的路径长度小于路径中相应节点（如图 9.5 中的红色点）的路径长度，则可以将这些未访问的节点演化为非叶子节点。本书将路径经过的节点称为种子点。对于每一个种子点 p_{seed}^i，根据式（9.4）来获取其邻近节点。

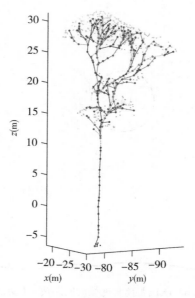

图 9.5　路径回溯结果

$$\begin{cases} \text{neighbors}_{p_{\text{seed}}^i} = \{p_j \,|\, \text{ctd}(p_i,\ p_j) \le D,\ j = 1,\ 2,\ \cdots,\ n\} \\ \text{ctd}(p_i,\ p_j) = \text{SPL}(p_i,\ p_j) \end{cases} \tag{9.4}$$

$$\text{SPL}(p_i,\ p_j) = \text{SP}(\text{Graph},\ p_i,\ p_j,\ \text{weights}) \tag{9.5}$$

式中，p_j 为图中的节点；n 为图中的节点个数；$\text{ctd}(p_i,\ p_j)$ 可由式(9.5)计算的，为节点 p_i 到 p_j 的通勤时间距离；weights 为 Graph 中不同节点之间的权重；D 为演化半径的阈值，在本书中 D 设置为 2m。

　　需要注意的是，这里用通勤时间距离代替节点间的几何距离来实现临近节点的获取。这是因为通勤时间距离能够比几何距离更好地反映节点间的位置关系。如图 9.6 所示，A 和 B 是一棵树中的两个节点，带箭头的虚线是两点之间的几何距离，带箭头的实线表示它们的通勤时间距离。这里的通勤时间距离是指节点之间的路径长度。节点 A 通往节点 B，需要经过其他节点。由于本书所提出的节点演化方法是尝试演化位于通往基点同一路径上的临近节点，如相同树枝或相同树干上的节点，因此位于不同路径上的节点不应该被视为邻近节点。例如，在图 9.6 中，若将几何距离作为临近点判定的依据，则节点 B 是节点 A 的一个邻近点。但是，若选择通勤时间距离，节点 B 将不再是节点 A 的邻近点。显然，后者是正确的，因为节点 A 和节点 B 位于不同的树枝。

　　找到每个种子节点的邻近点之后，便可依据种子节点进行演化。若节点 p_i 满足式

163

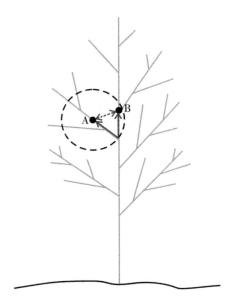

图9.6 欧氏距离与通勤时间距离对比示意图

(9.6)所述的条件，节点 p_i 将被演化为非叶子节点。

$$\begin{cases} p_i \in \{\text{Non-leaf}\}, & \text{if} \begin{cases} \text{SP}(\text{Graph}, \text{base}, p_i) \leqslant \text{SP}(\text{Graph}, \text{base}, p_{\text{seed}}^i) \\ p_i \in \text{neighbors}_{p_{\text{seed}}^i} \end{cases} \\ p_i \in \{\text{Leaf}\}, & \text{otherwise} \end{cases}$$

$$(9.6)$$

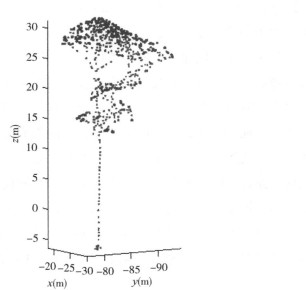

图9.7 经种子节点演化后的叶子节点探测结果

式中，$\text{SP}(\text{Graph}，\text{base}，p_i) \leqslant \text{SP}(\text{Graph}，\text{base}，p_{\text{seed}}^i)$ 为节点 p_i 到基点的路径长度小于种子节点 p_{seed}^i 到基点的路径长度。由于 p_{seed}^i 是一个非叶子节点，则 p_i 也是非叶子节点。当所有的非叶子种子节点完成演化之后，剩余的节点即为叶子节点。图 9.7 为采用种子节点演化得到的叶子节点探测结果。从图中可以看出，位于末端的叶子节点经过演化后被成功探测。需要注意的是，这里探测到的叶子节点并不是图中所有的叶子节点。

9.4　基于节点访问频率和节点演化的枝干节点探测

从图 9.4 中可以看出，每个节点都有一条通向基点的最短路径。每条路径包含了由式(9.3)计算出路径所经过的所有节点。显然，树干或树枝上的节点具有较高的访问频率。这是因为大多数路径需要通过这些节点到达基点。相反，叶子节点的访问频率较低。图 9.8(a)为根据节点访问频率对模态点进行赋色显示的结果。从图中可以看出，一部分节点被访问超过 600 次，然而一些节点仅仅被访问 1 次。为了缩小访问频率的跨度范围，本书对访问频率进行对数计算。计算后的结果如图 9.8(b)所示。从中可以看出，不同节点访问频率的对比更加明显。位于树枝和树干的节点通常具有较大的访问频率，而位于末端的节点，其访问频率较小。但是，可以发现一些位于树干上的节点同样具有较小的访问频率。甚至有一部分节点未被访问。这是由于最短路径方法试图寻找一条通向基点的最短路径。因此，一部分节点有可能未被经过。这也是需要对枝干节点做进一步演化来获取最终探测结果的原因。

如前文所述，访问频率较高的节点是树木节点。该过程可以用式(9.7)表示。

$$\{\text{Wood}\} = \{p_i \,|\, \log(f_{p_i}) \geqslant \delta \cdot \max(\log(f))，i = 1，2，\cdots，n\} \tag{9.7}$$

式中，f_{p_i} 为节点 p_i 的访问次数；$\max(\log(f))$ 为节点访问频率对数的最大值；n 为节点的个数；δ 为一常数。δ 较小时，可以导致更多的节点被探测为树木节点；而 δ 较大时，被探测为树木节点的节点个数将会减少。本书将 δ 设置为 0.4。

图 9.9 为根据式(9.7)得到的树木节点探测结果。在图 9.9 中可以看出，位于树干或树枝的节点均已被成功探测。然而，并不是所有的枝干节点均被探测出来，进而导致树木点的拒真误差较大。本书方法通过对枝干节点进行演化来减小拒真误差。

本书将使用式(9.7)探测到的枝干节点称为枝干种子节点。在演化的过程中，经演化得到的枝干节点应满足以下三个条件：①到基点的路径长度较小；②节点应属于已探测到的非叶子节点；③节点的垂直度应相似。条件①基于的原则是，叶子节点通

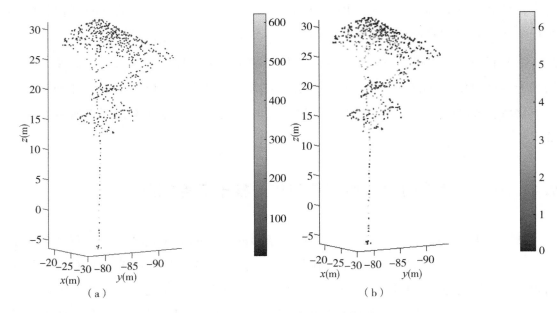

图 9.8　基于节点访问频率的点云模态点显示

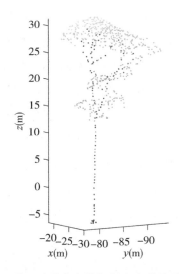

图 9.9　基于叶子节点访问频率实现枝干点探测

常比枝干节点具有较大的路径长度。换言之，若 p_j 是枝干种子节点 p_i 的一个邻近点，当且仅当 SPL(base，p_j) 小于 SPL(base，p_i) 时，p_j 被演化为一个枝干节点。条件 ② 则限制了演化范围。条件 ③ 规定了演化的基本准则，即演化得到的枝干节点的垂直度应与枝干种子节点的垂直度相似。这是因为只有位于相同树干或相同树枝的节点才能被演化。节点的垂直度可以根据式(9.8) 计算。

$$\begin{cases} \text{Verticality}(p_i) = \text{normal}^z(p_i) \\ \text{normal}(p_i) = \text{Vector}_{\lambda_3}^{p_i} \end{cases} \tag{9.8}$$

式中，$\text{normal}^z(p_i)$ 是法向量 $\text{normal}(p_i)$ 的 z 坐标分量。法向量可以根据最小的特征值 λ_3 对应的特征向量来计算。可利用式(9.9) 构建协方差矩阵，通过主成分分析(PCA) 计算特征向量和特征值。

$$\text{Cov}(p_i) = \frac{\sum_{i=1}^{n} (p_i - \bar{p})(p_i - \bar{p})^{\text{T}}}{n} \tag{9.9}$$

式中，$\bar{p}$ 为 p_i 邻近点集的中心；n 为邻近点的数量。本书设定 n 等于 10。

枝干节点的演化步骤如表9.1所示。图9.10 (a)为演化后成功探测到的枝干节点，可以看出图9.9 中大部分未探测到的枝干节点被重新识别出来。图中的节点是9.1 节中通过 Mean Shift 分割得到的模态点。每个模态点对应一个分割结果。因此，可以将使用模态点探测得到的点云分割结果进行融合，来获取最终的树木点云。最终树木点云如图9.10(b)所示。

表 9.1　枝干节点演化步骤

输入	枝干种子节点 p_i，$p_i \in \{\text{Wood}\}$，$i = 1, 2, \cdots, m$ 垂直度阈值 η
步骤 1	根据式(9.4) 计算枝干种子节点 p_i 的临近节点(neighbors_{p_i})； 对每一个临近节点 $p_j \in \text{neighbors}_{p_i}$，计算它到基点的最短路径
步骤 2	根据式(9.5) 对每一个临近节点 $p_j \in \text{neighbors}_{p_i}$，计算它到基点的最短路径，并根据式(9.8) 和式(9.9) 计算该节点的垂直度
步骤 3	演化约束： $\text{SPL}(\text{base}, p_j) \leq \text{SPL}(\text{base}, p_i)$ && $p_j \in \{\text{Non\_leaf}\}$ && $\text{abs}(\text{abs}(\text{Verticality}(p_j)) - \text{abs}(\text{Verticality}(p_i))) \leq \eta$
步骤 4	如果满足则：$\{\text{Wood}\} = \{\text{Wood}\} \cup \{p_j\}$
输出	枝干节点 $\{\text{Wood}\}$

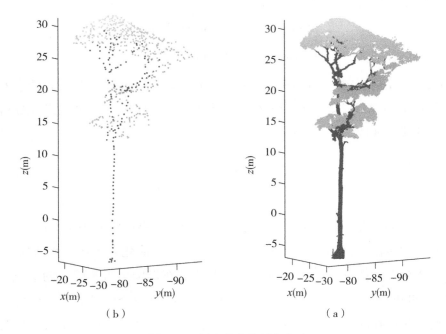

图 9.10   树木节点及树木点云

9.5   实验结果和分析

为了评价本书方法的精度，使用 6 棵独立树数据进行测试，该数据由 Moorthy 等[97]、Wang 等[108] 和 Xi 等[105] 提供。三个公开数据集包含许多独立树数据，本书选取了其中具有代表性的不同树种、不同结构特征的树，用于测试本书方法在不同森林环境下的鲁棒性。Moorthy 等[97] 提供的数据集（图 9.11（a）和（b））分别位于巴拿马的 Gigante 半岛和法属圭亚那的 Nouragues，使用 RIEGL VZ-400 扫描仪和 RIEGL VZ-1000 扫描仪获取。第二个数据集（图 9.11（c）和（d））由 Xi 等[105] 提供，位于加拿大，使用 Optech Ilris HD 或 LR 扫描仪获取。第三个数据集由 Wang 等[108] 提供，数据集主要为喀麦隆东部的热带树木，使用 Leica C10 扫描仪获得。六棵树通过可视化软件如 CloudCompare 被手工分类为枝干点和叶子点，可以用来评价所提方法的精度。

本书通过计算准确率、F_1 得分和 κ 系数三种精度指标来评价本书方法。三个精度指标按照表 9.2 所示的混淆矩阵计算，当枝干点作为正类时，T_p 为正确分类的枝干点的数量，F_n 是枝干点被错误分类为叶子点的数量，F_p 为叶子点被错误分类为枝干点的

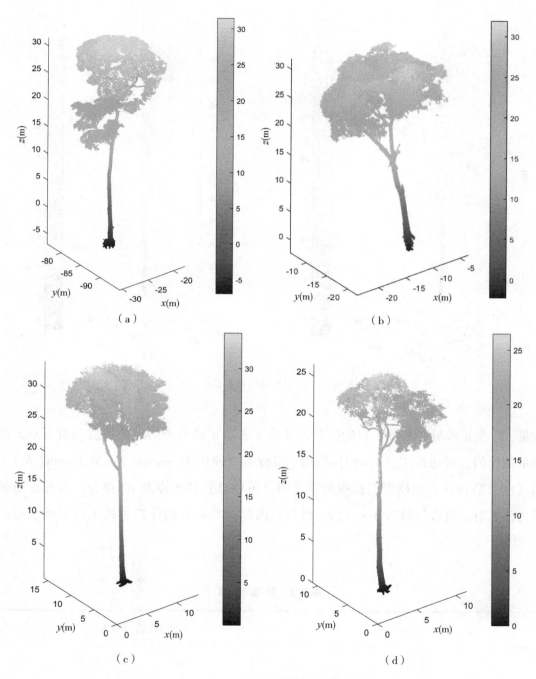

图 9.11　用于测试的数据集(一)

(a)和(b)为 Moorthy 等[97]提供的数据集；(c)和(d)为 Xi 等[105]提供的数据集；(e)和(f)为 Wang 等[108]提供的数据集。所有的点根据高程大小赋色

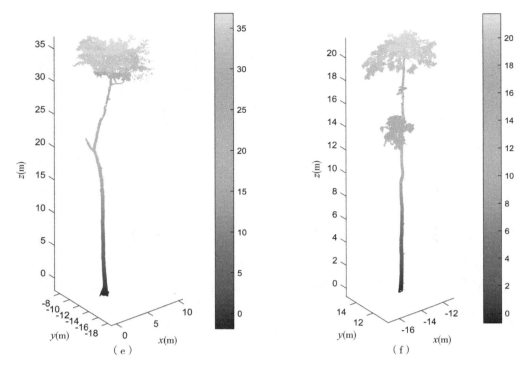

图 9.11   用于测试的数据集(二)

数量,T_n 是正确分类的叶子点的数量。准确率表示正确分类的点的数量与所有点云的数量的比值,可通过式(9.10)计算。F_1 得分可以使用 Precision(P)和 Recall(R)根据式(9.13)计算。当枝干点被视为正类时,可以计算枝干点的 F_1 得分。当叶子点被视为正类时,可以计算叶子点的 F_1 得分。因此,本书分别计算了枝干点和叶子点的 F_1 得分。

表 9.2   混 淆 矩 阵

参考结果		分类结果	
		枝干	叶子
参考结果	枝干	T_p	F_n
	叶子	F_p	T_n

Precision(P)表示分类结果中正确正样本的数量与分类结果中正样本的数量之比，可通过式(9.11)计算。Recall(R)表示分类结果中正确正样本的数量与参考结果中正样本的数量之比，可通过式(9.12)计算。κ 系数是另一个衡量分类精度的指标，可以用观测一致率(po)和期望一致率(pe)计算，如式(9.14)~式(9.16)所示，N 是点云的总数。

$$\text{Accuracy} = \frac{T_p + T_n}{T_p + F_p + F_n + T_n} \tag{9.10}$$

$$P = \frac{T_p}{T_p + F_p} \tag{9.11}$$

$$R = \frac{T_p}{T_p + F_n} \tag{9.12}$$

$$F_1 = 2 \times \frac{P \times R}{P + R} \tag{9.13}$$

$$\text{po} = \frac{T_p + T_n}{N} \tag{9.14}$$

$$\text{pe} = \frac{(T_p + F_n) * (T_p + F_p) + (F_p + T_n) * (F_n + T_n)}{N * N} \tag{9.15}$$

$$\kappa = \frac{\text{po} - \text{pe}}{1 - \text{pe}} \tag{9.16}$$

本书方法分类结果的四个精度指标(准确率、枝干 F_1 得分、叶子 F_1 得分和 κ 系数)如表9.3所示。可以看出6棵树的分类准确率都大于0.9，平均值为0.939。这表明本书方法对不同结构特征的树木具有良好的枝干、叶子分类能力。枝干的平均 F_1 得分和叶子的平均 F_1 得分均高于0.9。由此可见，该方法能很好地平衡枝干和叶子的分类，即该方法没有将过多的枝干点分类为叶子点，也没有将过多的叶子点分类为枝干点。虽然分类结果的 κ 系数表现不如准确率，但是所有 κ 系数均高于0.8，平均值高于0.85。由此可见，该方法具有较强的鲁棒性。

表 9.3　本书方法的精度指标计算结果

树木样本	准确率	枝干 F_1 得分	叶子 F_1 得分	κ 系数
1	0.914	0.867	0.936	0.803
2	0.931	0.902	0.947	0.849

续表

树木样本	准确率	枝干 F_1 得分	叶子 F_1 得分	κ 系数
3	0.925	0.868	0.948	0.816
4	0.970	0.981	0.928	0.909
5	0.969	0.968	0.970	0.938
6	0.928	0.900	0.944	0.844
均值	0.939	0.914	0.945	0.860

为了客观地评价本书所提方法，采用另外两种著名的枝干和叶子分类方法对 6 棵树进行分类，两种方法分别为 LeWos 和 CANUPO。LeWos 方法由 Wang 等[108] 提出的，与基于点的方法不同，LeWos 是基于几何特征的方法，首先基于图割将树分割成簇，通过计算每个簇的线性值和簇的大小，将其分为枝干点和叶子点。为了提升分类结果，Wang 等[108] 将正则化应用于上述分类方法。因此，LeWos 方法可以提供两种枝干和叶子的分类结果，分别为正则化和未正则化的结果。CANUPO 方法由 Brodu 和 Lague[103] 提出，CANUPO 是一种经典的基于机器学习的点云分类方法，该方法计算每个点的多尺度几何特征，从而提取枝干和叶子之间的几何差异，可以获得更好的分类结果。此外，使用多尺度几何特征可以避免单一尺度下需要选择最优邻域范围的问题。因此，

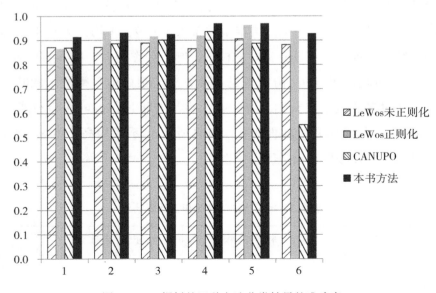

图 9.12　6 棵树的四种方法分类结果的准确率

CANUPO 是一种具有代表性的监督学习方法。选择这两种方法进行比较的另一个原因是其结果较客观，LeWos 是一个开源的 Matlab 工具，CANUPO 方法集成在一个著名的开源软件 CloudCompare 中。四种方法分类结果（LeWos _ NoRegu、LeWos _ Regu、CANUPO 和本书方法）的 4 个精度指标（准确率、枝干 F_1 得分、叶子 F_1 得分和 κ 系数）如图 9.12~图 9.15 所示。

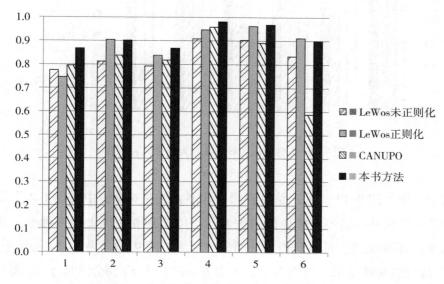

图 9.13　6 棵树的四种方法分类结果的枝干 F_1 得分

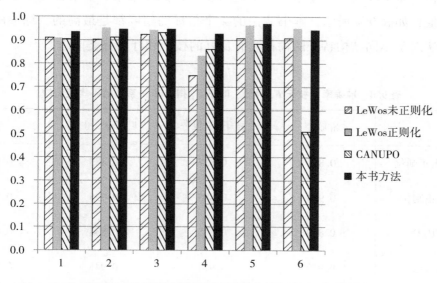

图 9.14　6 棵树的四种方法分类结果的叶子 F_1 得分

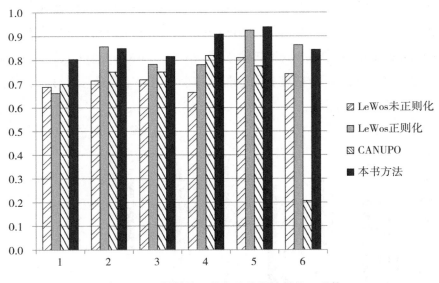

图 9.15　6 棵树的四种方法分类结果的 κ 系数

　　准确率对比如图 9.12 所示，结果表明，本书方法在 6 棵树中获得了 4 个最高的准确率。除第六棵树外，其他 5 棵树的四种方法均能达到 0.8 以上的准确率。此外，可以发现 LeWos 正则化后，可以获得更好的分类结果。图 9.13 和图 9.14 为枝干 F_1 得分和叶子 F_1 得分的对比结果，可以看出，本书方法的枝干 F_1 得分和叶子 F_1 得分都优于其他方法，枝干 F_1 得分均高于 0.85，叶子 F_1 得分均高于 0.9，κ 系数均大于 0.8，在 6 棵树中获得了 4 个较高的 κ 系数。为了进一步分析比较结果，本书计算了 4 个精度指标的平均值，如表 9.4 所示，本书方法的 4 个指标的精度都是最高的。综上所述，本书所提方法对于不同结构特征的树都具有良好的枝干和叶子分类能力。

表 9.4　准确率、枝干 F_1 得分、叶子 F_1 得分和 κ 系数的平均值比较

	准确率	枝干 F_1 得分	叶子 F_1 得分	κ 系数
LeWos 未正则化	0.881	0.837	0.883	0.723
LeWos 正则化	0.923	0.885	0.925	0.812
CANUPO	0.839	0.815	0.834	0.667
本书方法	0.939	0.914	0.945	0.860

　　为了进一步分析，本书计算了四种方法分类结果的Ⅰ类误差和Ⅱ类误差。Ⅰ类误差也叫拒真误差，当枝干作为正类时，Ⅰ类误差为枝干点误判为叶子点的百分比。Ⅱ类误差也叫纳伪误差，为叶子点误判为枝干点的百分比。根据表 9.2 的混淆矩阵，Ⅰ类和Ⅱ类误差可以通过式(9.17)和式(9.18)计算。

$$T_1 = \frac{F_n}{T_p + F_n} \tag{9.17}$$

$$T_2 = \frac{F_p}{F_p + T_n} \tag{9.18}$$

　　四种方法分类结果的Ⅰ类、Ⅱ类误差如表 9.5 所示。从表中可以看出本书方法的Ⅰ类误差最小。虽然Ⅱ类误差较 LeWos 正规化方法高，但是本书方法的Ⅰ类误差远远小于其Ⅰ类误差。本书方法的平均Ⅰ类、Ⅱ类误差均小于 0.1 且能很好地平衡Ⅰ和Ⅱ类误差。而未正则化的 LeWos 方法的Ⅰ类误差约是其Ⅱ类误差的 5 倍，正则化的 LeWos 方法的Ⅰ类误差约是其Ⅱ类误差的 10 倍。

　　为了对两种误差进行可视化分析，本书选取了两棵树(样本 1 和样本 6)显示其误差分布。选择样本 1 是因为使用三种方法的结果都有较大的Ⅰ类误差，选择样本 6 是因为 CANUPO 方法产生了较大的Ⅱ类误差，通过可视化分析能展示样本 6 的特殊性。这两种误差的分布如图 9.16、图 9.17 所示。图中红色的点是正确分类的枝干点，蓝色的点是正确分类的叶子点，黄色的点是错误分类的枝干点，绿色的点是错误分类的叶子点。从图 9.16 中可以看出，本书方法有更多的正确分类的枝干点，有较好的分类结果。特别是在树枝处，本书方法的精度明显优于其他三种分类方法。此外，LeWos 和 CANUPO 方法的误分类点分布较分散，而本书方法的误分类点主要集中在冠层区域。误差的空间分布对后续的森林数据应用有很大的影响，如树的模型建立，分散的错误分类点将严重影响建模精度。从图 9.17 中可以发现，LeWos 方法将一些枝干点误分类为叶子点，尽管使用正则化平滑了分类结果，一些枝干点还是被滤除掉了，如图 9.17(b)所示。从表 9.5 中可看出，CANUPO 方法应用于样本 6 时产生了较大的Ⅱ类误差。从图 9.17(c)可以发现，很多叶子点被误分类为枝干点，可能是这些叶子点的几何特征与样本中的枝干点相似。这也是基于几何特征的点监督学习方法的缺点，并不是在所有情况下都能得到满意的分类结果。与其他三种方法的分类结果相比，本书方法取得了更好的枝干和叶子分类结果，如图 9.17(d)所示。

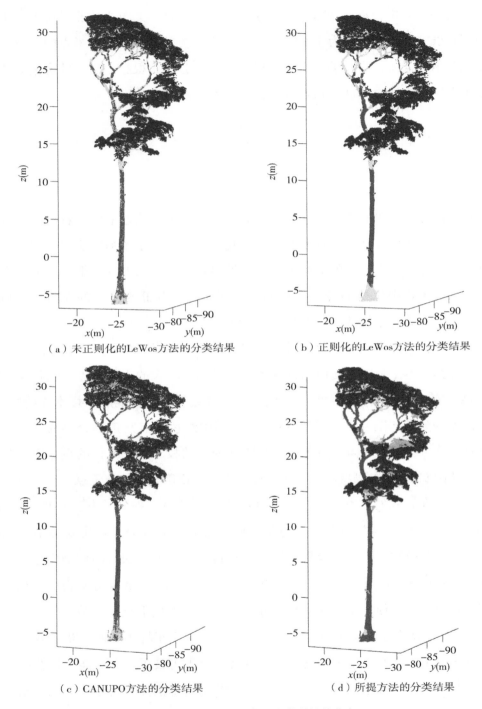

（a）未正则化的LeWos方法的分类结果　　　　　（b）正则化的LeWos方法的分类结果

（c）CANUPO方法的分类结果　　　　　　　（d）所提方法的分类结果

图 9.16　样本 1 的 Ⅰ 类、Ⅱ 类误差的分布

（红色的点为正确分类的枝干点，蓝色的点是正确分类的叶子点，黄色的点是错误分类的枝干点，绿色的点是错误分类的叶子点）

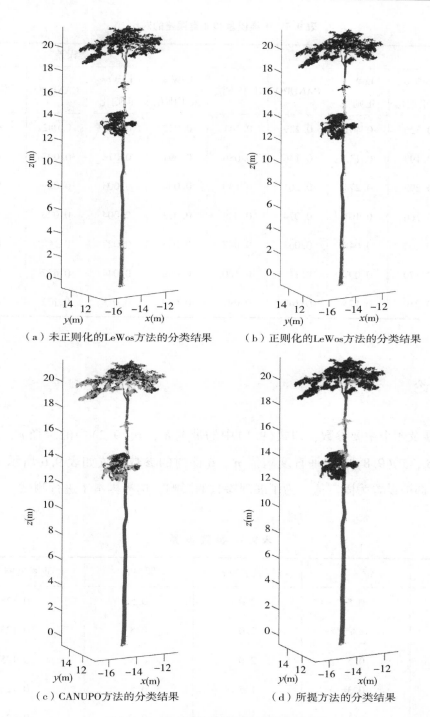

图 9.17　样本 6 的 Ⅰ 类、Ⅱ 类误差的分布

（红色的点为正确分类的枝干点，蓝色的点是正确分类的叶子点，黄色的点是错误分类的枝干点，绿色的点是错误分类的叶子点）

表 9.5 Ⅰ类误差和Ⅱ类误差的对比

树样本	Ⅰ类误差				Ⅱ类误差			
	LeWos 未正则化	LeWos 正则化	CANUPO	本书方法	LeWos 未正则化	LeWos 正则化	CANUPO	本书方法
1	0.326	0.401	0.229	0.141	0.032	0.004	0.082	0.060
2	0.199	0.130	0.146	0.086	0.091	0.028	0.097	0.060
3	0.292	0.274	0.261	0.180	0.034	0.003	0.029	0.030
4	0.166	0.101	0.074	0.029	0.013	0.004	0.026	0.036
5	0.105	0.048	0.063	0.047	0.085	0.027	0.160	0.015
6	0.170	0.097	0.110	0.100	0.089	0.044	0.637	0.056
均值	0.210	0.175	0.147	0.097	0.057	0.018	0.172	0.043

9.6 讨论

本书涉及 4 个主要参数，即式(9.1)中的带宽 h，式(9.2)中的半径 r，式(9.7)中的频率 δ，式(9.8)中的垂直度阈值 η，6 棵树的参数设置如表 9.6 所示。可以发现，δ 和 η 都被设置为固定值。为了展现参数的影响，选择样本 1 进行测试。

表 9.6 参数设置

树样本	带宽 h	邻域半径 r	频率 δ	垂直度阈值 η
1	0.5	2.0	0.5	0.125
2	0.65	2.0	0.5	0.125
3	0.5	2.0	0.5	0.125
4	0.3	1.5	0.5	0.125
5	0.3	1.5	0.5	0.125
6	0.3	1.5	0.5	0.125

带宽 h 主要影响 Mean Shift 的分割结果，由于每个分割段对应于一个模态点，因此带宽 h 对模态点的获取有影响。图 9.18 为使用 4 种不同带宽获取的模态点，可以看出，当带宽 h 越小，获取的模态点越多，如图 9.18(a) 所示。但是模态点越多，图越复杂。当带宽 h 越大，获取的模态点越少。但是较少的模态点不能反映树的结构，不利于模态点的下一步处理。一般来说，带宽应该略大于树干直径，使得树干点被替换为一条线上的模态点，并能反映如图 9.18(b) 所示的树形结构。

式(9.2) 中的邻域半径 r 主要影响图的构成。半径越大，邻域点越多，图的边越多；半径越小，邻域点越少，图的边越少。图 9.19 展示了使用不同邻域半径构成图时每个节点到基点的路径。图 9.19(a) 只得到一些较短路径，由于邻域半径设置过小，图中很多节点无法到达基点。显然，此图不能用于枝干节点提取。邻域半径设置得越大，图的边越多，图越复杂。如图 9.19(b)~(d) 所示，每个节点到达基点的路径非常复杂。更大的半径会产生更复杂的图，且十分耗时。一般来说，半径应该根据带宽确定。如上所述，较大的带宽将导致较少的模态点和较大的相邻模态点距离。为了使网络图连通应设置较大半径，而为了减少图的复杂性，提高算法效率，半径不能过大，本书中设置 $r \in [1.5, 2.0]$。

式(9.7) 中的频率 δ 主要影响枝干节点的检测数量。图 9.20 为不同频率下的枝干检测结果，可以看出，频率越小，检测出的枝干节点越多。当频率设置得更小时，有更多频率较低的节点被检测为枝干节点。从图 9.20(a) 和(b) 中可以看出，一些冠层的叶子节点被误分类为枝干节点。反之，当频率较小时，无法检测出树枝节点。因为树枝上的叶子节点的访问频率没有树干节点高。因此，当频率设置得较小时，一些树枝节点无法被检测出。根据 Vicari 等的研究，频率设为 0.5 时，错误检出率低于 0.16[101]。因此，本书中所有样本的频率设置为 0.5。

垂直度阈值 η 是枝干节点演化的关键参数，垂直度阈值用于演化与枝干节点垂直度相似的节点。垂直度阈值越小，演化的枝干节点越少，如图 9.21(a) 所示，部分树枝节点无法演化为枝干节点。垂直度阈值越大，演化的枝干点越多，如图 9.21(d) 所示，部分叶子节点被误分类为枝干节点。本书垂直度阈值设置在 0.1 ~ 0.15 时，可以成功演化枝干节点，同时避免将叶子节点错误演化为枝干节点。因此，本书将垂直度阈值设为固定值 0.125。

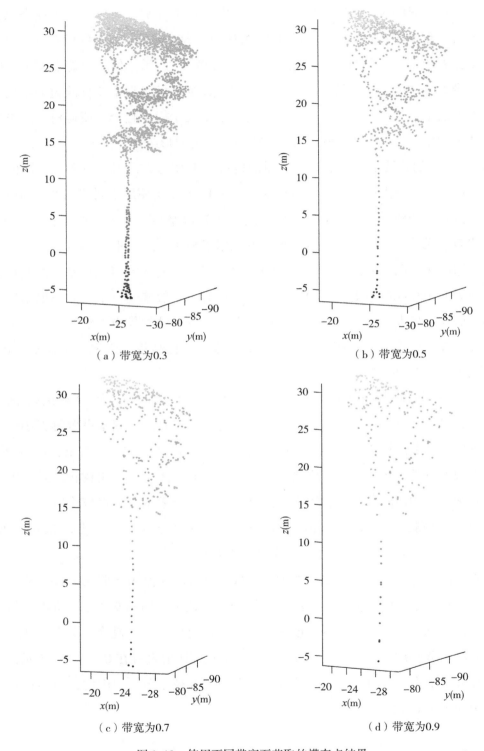

图 9.18 使用不同带宽下获取的模态点结果

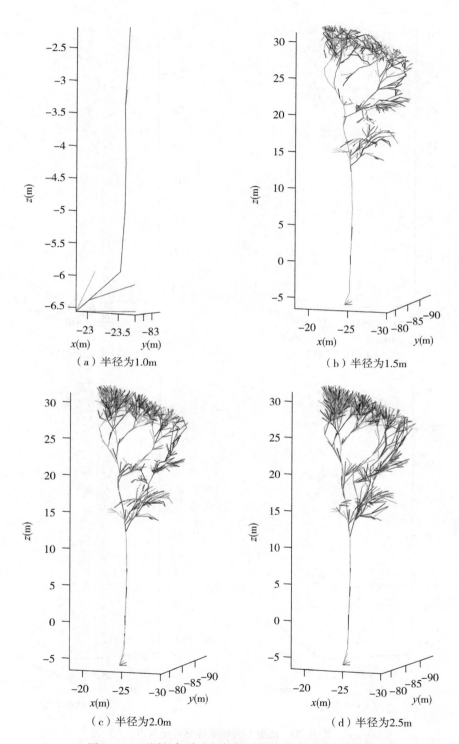

图 9.19 不同的邻域半径构图时每个节点到基点的路径

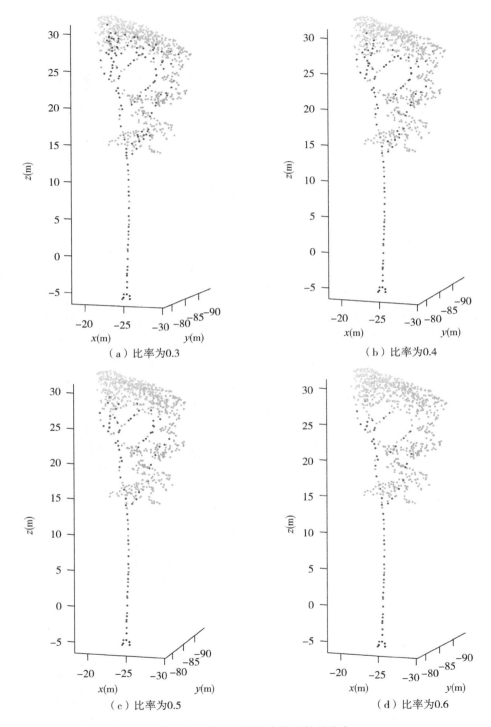

（a）比率为0.3

（b）比率为0.4

（c）比率为0.5

（d）比率为0.6

图9.20 使用不同频率检测枝干节点

（红色的点为检测到的枝干节点）

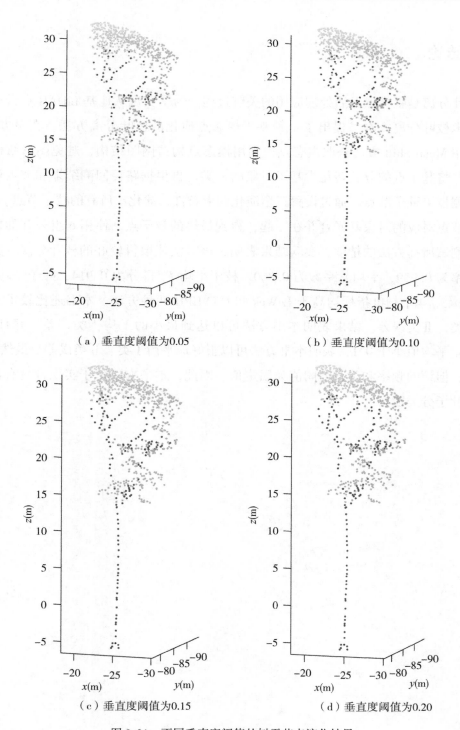

（a）垂直度阈值为0.05　　　　　　　　（b）垂直度阈值为0.10

（c）垂直度阈值为0.15　　　　　　　　（d）垂直度阈值为0.20

图 9.21　不同垂直度阈值的树干节点演化结果

（红色的点为演化后的枝干节点）

9.7 结论

枝叶分离是森林点云后处理应用的关键过程。为了实现从地基 LiDAR 点云进行准确的单木枝叶分离，本书提出了一种基于模态点演化的枝叶分离方法。在该方法中，首先采用 Mean Shift 方法获取模态点，利用模态点构造网图结构，避免图形结构过于复杂，并将基于点的分类转化为基于对象的分类。再根据路径回溯结果和节点访问频率，检测枝干种子节点。通过设置三个演化约束条件，演化出所有的枝干节点。最后，将枝干节点对应的对象基元合并在一起，得到最终的枝干点。使用 6 组公开的树木数据用于测试所提方法的精度，实验结果表明，该方法能取得较好的枝叶分离，平均分类准确率为 0.939，平均 κ 系数为 0.860。枝干平均 F_1 得分为 0.914，叶子平均 F_1 得分为 0.945。4 个精度指标均高于 LeWos 和 CANUPO 两种方法。本书还比较了三种方法的 I 类，II 类误差。结果表明本书方法可以达到最小的平均 I 类误差。并且 I 类、II 类误差平均值小于 0.1，表明本书方法可以很好地平衡 I 类、II 类误差。虽然涉及 4个参数，但访问频率和垂直度阈值为固定值。因此，本书方法易于实现且具有良好的枝干和叶子分类能力。

第 10 章　总结与展望

10.1　研究工作及成果总结

LiDAR 技术已广泛应用于数字地面模型获取、森林植被参数估测、城市三维模型建立等地球空间信息学科的众多领域。针对 LiDAR 点云数据预处理与后处理应用关键技术环节，已有的研究工作主要存在以下问题：针对点云去噪，传统噪声去除方法在去除噪声数据的同时，常常会破坏地形信息；针对点云滤波，传统形体学滤波法不能有效地保护地形细节，算法缺乏鲁棒性；针对道路点云提取，已有方法无法获取准确的道路点云反射强度阈值；针对道路网提取，无法有效地排除狭窄道路和似道路区域的干扰；针对单木分割，已有方法容易过分割或者欠分割，单木分割精度不高；针对枝叶分离，已有方法的鲁棒性不强，难以有效实现冠层区域高精度的枝叶分离。本书针对以上关键技术环节所存在的问题进行了深入、系统的研究，现将主要研究工作和取得的成果总结如下：

（1）系统梳理了机载 LiDAR 点云的数据特点及已有的点云数据组织方式，并着重介绍了一种基于虚拟格网的点云数据组织法。在此基础上，尝试将 EMD 算法引入机载 LiDAR 点云去噪中。通过计算原始点云高程和重构点云高程之间的差值实现对噪声点的自动探测与剔除。经实验表明，本书在 EMD 去噪算法实现中采用最大类间方差法来获取噪声主导模态分界点是有效、可行的。此外，采用形态学膨胀运算和腐蚀运算分别获取点云的上下包络大大简化了计算过程，提高了实现效率。采用实例数据和模拟噪声数据进行实验，结果表明本书提出的去噪算法在有效去除噪声点的前提下能够保护有用地形信息不被破坏。相较于均值噪声去除法，本书算法更有利于提高信噪比，提升数据质量。

（2）研究和探讨了形态学滤波法的原理、实现步骤，以及所存在的问题。提出一种基于渐进克里金插值的形态学滤波改进算法。该方法的实质是将传统曲面拟合滤波法和形态学滤波法进行有效结合，通过克里金插值来自适应地计算地形坡度，以增强算法在复杂环境下的适应性。采用国际摄影测量与遥感学会发布的检验滤波效果的标准数据进行实验，结果表明：本书提出算法的 κ 系数及整体精度都仅次于 Axelsson 提出的渐进加密不规则三角网算法[40]，并且能够获得最小的平均 I 类误差，平均滤波整体精度高达 94.66%。本书的算法能够适应复杂地形，尤其在存在复杂建筑物以及地形凸起区域，能够有效地保护地形细节，减小拒真误差，提高滤波精度。

(3)详细介绍了 LiDAR 点云反射强度数据的特点及影响点云反射强度值的主要因素，同时指出利用反射强度约束进行道路提取具有理论上的可行性。针对反射强度数据存在极大值或极小值等粗差点，提出一种基于高斯平均算子的渐进强度数据去噪法。实验表明，本书提出的 PGD 算法能够有效去除异常值对点云强度数据的干扰，保护数据细节特征不被平滑，获取更好的点云分层渲染的结果。为获取准确的道路点云反射强度阈值，提出一种基于偏度平衡的反射强度阈值确定方法。该方法通过不断剔除非道路点云强度值的干扰使得道路点云的强度值逐渐归为正态分布。实验表明，该方法具有以下优点：一是不需要设定参数，算法通用性更强；二是整个算法自动化程度高，不需要人为参与；三是可以确定准确的强度阈值，有利于获取纯净的道路点云。

(4)提出一种基于旋转邻域的狭窄道路判别法。通过设定最小道路模板，并对道路局部区域进行多角度旋转来识别并剔除人行道、过道、走廊等狭窄道路。根据道路间的拓扑关系，提出一种似道路区域(停车场、空地、天井等)判别法。通过计算道路交叉点间的棋盘距离，将距离小于阈值的区域判定为似道路区域。在此基础上，提出一种多层级融合与优化的道路网提取方法。该方法通过对道路区域和似道路区域设定不同的融合优化准则，获取准确、完整的城市道路网。采用国际摄影测量与遥感学会提供的位于德国 Vaihingen 城市的点云数据进行实验。结果表明：本书方法所提取的城市道路网几乎不受狭窄道路的影响，避免出现过多"毛刺"现象。有效剔除了停车场、空地等似道路区域对道路网提取的干扰，获得了较高正确率的城市道路网。本书所提出的算法能够获得 91.4% 的正确率、80.4% 的完整率和 74.8% 的质量，此三项精度指标均高于 Hu 提出的 MTH 算法、Clode 提出的相位编码圆盘算法，以及 Hu 和 Tao 提出的模板匹配算法相应的精度评价指标。

(5)提出一种基于迁移学习和高斯混合模型分离的单株植被提取方法。首先采用迁移学习获取树干点云，进而以树干点云为基础进行最邻近聚类，获取初始分割结果。采用主成分变换和核密度估计来确定初始分割中各部分的混合成分的数目，并基于混合成分的数目来实现高斯混合模型分离，获得准确的树冠分离结果。最后，基于竖直连续性原则，采用从上至下的方式获取各个树冠所对应的树干点云，实现最终完整的单木提取。本书采用 6 组不同植被环境下的点云数据进行实验分析。实验结果表明本书方法能够取得 87.68% 的平均正确率，该结果要明显优于基于标记的分水岭单木分割方法和基于临近点相对位置关系的单木分割方法。就完整率和平均精度而言，本书方法所取得的实验结果也要明显优于其他两种方法。

（6）提出一种分形维引导下的多尺度集成学习 LiDAR 点云枝叶分离方法。首先，将分形理论应用于枝叶分离中，通过对三维点云数据体素化并采用包围盒法计算各个点的分形维，以反映枝干和叶片不同的形态特征和复杂程度。继而，根据枝干和叶片的生长规则不同，通过计算点云局部法向量与竖直方向夹角的变化幅度，增强枝干和叶片的识别能力。最后，构建邻近点集的协方差张量，通过计算该协方差张量的 3 个特征值和对应的特征向量，获取几何形态特征向量。为充分利用植被的三维空间信息，获取枝叶点云的多尺度特征向量，并采用集成学习模式获取高精度的枝叶分离结果。采用 9 组不同形态特征的、不同树种的树木点云进行实验分析，实验结果表明本书所提方法能够获得 92% 的平均准确率，此结果明显优于其他方法。此外，本书方法三类精度指标的 9 组实验数据的标准差较小，表明本书方法具有较强的鲁棒性，能够适应不同复杂程度的植被，实现正确的枝叶分离。

（7）提出一种基于模态点演化的枝叶分离方法。以获取的单木模态点代替原有点云数据进行网图构建，提高方法实现效率。采用路径回溯及路径频率探测，分别进行叶子模态点和枝干模态点的探测，实现高精度的枝叶模态点获取。提出模态点演化的理论方法，通过定义"通勤时间距离"，获取模态点空间拓扑关系。进而，依据模态点间的空间邻域信息设定演化准则，实现兼顾高精度、鲁棒性以及可扩展性的枝叶分离。

10.2　展望

本书的研究工作虽然取得了具有重要理论意义和应用价值的研究成果，但还存在待进一步研究和解决的问题，主要包括如下 5 个方面。

（1）探索更高效、不破坏数据结构的点云组织方式。

随着 LiDAR 技术的快速进步，高密度的点云获取技术已越来越成熟。海量的点云数据有利于更加准确地表示地物、地形信息，但随之而来的是愈加沉重的计算负担。如何高效地处理点云数据一直都是研究的热点、前沿问题。本书采用虚拟格网对点云进行数据组织，虽然能够起到对点云的抽稀作用，但同时破坏了点云原有的结构信息，不利于更精确地进行点云分类。因此，探索一种更高效、不破坏数据结构的点云组织方式，将是接下来研究的重点。

（2）设计一种精度更高、适用性更好的点云滤波算法。

虽然本书所提出的点云滤波算法在大部分区域能取得良好的滤波效果，但依然存在以下几个问题难以解决：①无法在减小某一类误差（Ⅰ类误差或Ⅱ类误差）的同时，抑制另一类误差的增大；②对与地形相连的地物（桥梁、坡道）容易产生误判。对于以上问题的解决，可考虑采用以下两种方式进行改进：第一种，在滤波前，先对点云进行聚类分割，再结合聚类分割的结果进行形态学算法滤波处理。这是因为分割后的结果往往能够提供更多的语义信息，更有利于对地形、地物的判别。第二种，结合一些数学判别法，如模糊判别法或者贝叶斯判别法。将这些数学判别法与传统形态学滤波法相结合可以增强其在复杂地形区域的滤波判断，更有利于准确分类地物点和地形点。

（3）融合多源数据更进一步地提高道路网提取精度。

虽然本书利用机载 LiDAR 点云数据进行城市道路网提取获得了较高的道路网提取精度，但是在对其他三组样本数据的实验中可以发现，如果道路被较密集的植被覆盖，道路区域同样会出现数据空白，造成最后提取的道路出现断裂的情况。这是因为本书仅利用了一次回波数据，未能获取穿透植被的回波信息。如果结合多次回波数据，道路提取的完整性将会提高许多。此外，部分城市区域道路介质和非道路介质十分接近，造成道路点云的反射强度数据和非道路点云的反射强度数据相差很小，而且整个地面点云反射强度数据的变化幅度很小，此时应用本书所提的道路点云强度阈值获取方法并不能获取准确的道路阈值。对于这种情况，如果融合光谱信息，道路点云的分类精度将大幅度提升。因此，接下来的研究工作将会利用多源数据来进一步地提高道路网提取精度。

（4）采用跨平台 LiDAR 点云数据实现高精度单木分割。

采用单一平台的 LiDAR 点云数据进行单木分割仍然具有一定的局限性。例如，采用地基 LiDAR 进行单木分割，由于仪器扫描角度或者受植被遮挡的影响，所获取的植被点云数据往往存在数据空白的现象。虽然采用多测站扫描模式有助于获取完整的树木点云，但变化的点密度、海量的点云数据，以及较低的多测站测量效率依然不利于外业林地调查。此外，由于扫描角度的限制，地基 LiDAR 往往难以探测到冠层上部的三维结构信息。而采用机载 LiDAR 进行单木分割，由于冠层的遮挡，所获取的树干位置的点云数据往往较稀疏甚至没有，致使难以获得精确的单木分割结果。因此，通过融合多平台的 LiDAR 点云数据有望获取完整的植被三维结构信息，从而助力实现精确的单木分割，为后续植被参数估测提供数据基础。

（5）结合多学科理论方法提升枝叶分离方法的可解释性及鲁棒性。

枝叶分离方法存在的主要问题在于冠层区域的枝干与叶片难以实现有效的分离，以及针对不同树种的枝叶分离精度变化较大。目前，虽然采用深度学习方法能够大大提升枝叶分离的精度，但深度学习模型缺乏可解释性。此外，大量的样本标记也大大降低了此类方法在实际应用中的适用性。因此，如何提高枝叶分离方法的精度及鲁棒性急需在以后的研究中解决。目前，分形几何理论、辐射传输模型等理论方法已广泛应用于森林生态学相关研究。通过结合此类多学科理论方法，有望进一步提高枝叶分离的精度及对于不同树木类型的适应能力。

参 考 文 献

[1]赖旭东. 机载激光雷达基础原理与应用[M]. 北京：电子工业出版社，2010.

[2]惠振阳，吴北平，徐鹏，等. 三维激光扫描地形数据获取处理[J]. 科学技术与工程，2014(18)：1-5.

[3]Kraus K，Pfeifer N. Determination of terrain models in wooded areas with airborne laser scanner data[J]. ISPRS Journal of Photogrammetry and Remote Sensing, 1998, 53(4)：193-203.

[4]Zhang J，Lin X. Filtering airborne LiDAR data by embedding smoothness-constrained segmentation in progressive TIN densification[J]. ISPRS Journal of Photogrammetry and Remote Sensing, 2013, 81：44-59.

[5]Lin X，Zhang J. Segmentation-based filtering of airborne LiDAR point clouds by progressive densification of terrain segments[J]. Remote Sensing, 2014, 6(2)：1294-1326.

[6]Meng X，Currit N，Zhao K. Ground filtering algorithms for airborne LiDAR data：a review of critical issues[J]. Remote Sensing, 2010, 2(3)：833-860.

[7]Boyko A，Funkhouser T. Extracting roads from dense point clouds in large scale urban environment[J]. ISPRS Journal of Photogrammetry and Remote Sensing, 2011, 66(6)：s2-s12.

[8]Hu X，Li Y，Shan J，et al. Road centerline extraction in complex urban scenes from LiDAR data based on multiple features[J]. IEEE Transactions on Geoscience & Remote Sensing, 2014, 52(11)：7448-7456.

[9]Li Y，Hu X，Guan H，et al. An efficient method for automatic road extraction based on multiple features from LiDAR data[C]//ISPRS—International Archives of the Photogrammetry, Remote Sensing and Spatial Information Sciences, 2016, XLI-B3：289-293.

［10］Huang H, Brenner C, Sester M. A generative statistical approach to automatic 3D building roof reconstruction from laser scanning data［J］. Isprs Journal of Photogrammetry & Remote Sensing, 2013, 79(5): 29-43.

［11］Wang R. 3D building modeling using images and LiDAR: A review［J］. International Journal of Image & Data Fusion, 2013, 4(4): 273-292.

［12］Chen Q, Wang S, Liu X. An improved snake model for refinement of Lidar-derived building roof contours using aerial images［C］//ISPRS—International Archives of the Photogrammetry, Remote Sensing and Spatial Information Sciences, 2016, XLI-B3: 583-589.

［13］Hui Z, Hu Y, Jin S, et al. Road centerline extraction from airborne LiDAR point cloud based on hierarchical fusion and optimization［J］. Isprs Journal of Photogrammetry & Remote Sensing, 2016, 118: 22-36.

［14］徐鹏, 惠振阳. 基于 MATLAB 实现点云噪声剔除算法研究［C］//贵州省岩石力学与工程学会, 2014.

［15］左志权. 顾及点云类别属性与地形结构特征的机载 LiDAR 数据滤波方法［D］. 武汉: 武汉大学, 2011.

［16］Sithole G, Vosselman G. Experimental comparison of filter algorithms for bare-Earth extraction from airborne laser scanning point clouds ［J］. ISPRS Journal of Photogrammetry and Remote Sensing, 2004, 59(1-2): 85-101.

［17］Chen Q, Gong P, Baldocchi D, et al. Filtering Airborne Laser Scanning Data with Morphological Methods［J］. Photogrammetric Engineering & Remote Sensing, 2007, 73 (2): 175-185.

［18］Mongus D, Žalik B. Parameter-free ground filtering of LiDAR data for automatic DTM generation［J］. ISPRS Journal of Photogrammetry and Remote Sensing, 2012, 67: 1-12.

［19］Li Y, Wu H, Xu H, et al. A gradient-constrained morphological filtering algorithm for airborne LiDAR［J］. Optics & Laser Technology, 2013, 54: 288-296.

［20］Li Y, Yong B, Wu H, et al. An improved top-hat filter with sloped brim for extracting ground points from airborne lidar point clouds［J］. Remote Sensing, 2014, 6(12): 12885-12908.

［21］Haugerud R A, Harding D J. Some algorithms for virtual deforestation (VDF) of LiDAR topographic survey data［C］//Int. Arch. Photogramm. Remote Sens., 2001: 211-217.

[22] Evans J S, Hudak A T. A multiscale curvature algorithm for classifying discrete return LiDAR in forested environments [J]. IEEE Transactions on Geoscience and Remote Sensing, 2007, 45(4): 1029-1038.

[23] Silván-Cárdenas J L, Wang L. A multi-resolution approach for filtering LiDAR altimetry data[J]. Isprs Journal of Photogrammetry & Remote Sensing, 2006, 61(1): 11-22.

[24] 李峰, 崔希民, 袁德宝, 等. 窗口迭代的克里金法过滤机载 LiDAR 点云[J]. 科技导报, 2012, (26): 24-29.

[25] Brovelli M A, Caimata M, Longoni U M. Managing and Processing LIDAR Data with GRASS [C]//The Oper Source GIS-GRASS users Conference 2002, Trento, Italy, 2002.

[26] 蒋晶珏. LiDAR 数据基于点集的表示与分类[D]. 武汉: 武汉大学, 2006.

[27] Wang W. Noise reduction and modeling methods of TLS point cloud based on R-tree[C]//2009 Joint Urban Remote Sensing Event, Shanghai, China: IEEE Comp Soc, 2009.

[28] Lindenberger J. Laser-Profilmessungen zur topographischen Geländeaufnahme [D]. Munich: Deutsche Geodatische Kommission, 1993.

[29] Zhang K Q, Chen S C, Whitman D, et al. A progressive morphological filter for removing nonground measurements from airborne LIDAR data [J]. IEEE Transactions on Geoscience and Remote Sensing, 2003, 41(41): 872-882.

[30] 张永军, 吴磊, 林立文, 等. 基于 LiDAR 数据和航空影像的水体自动提取[J]. 武汉大学学报(信息科学版), 2010(8): 936-940.

[31] 董保根, 秦志远, 朱传新, 等. 关于机载 LiDAR 点云数据形态学滤波的几点思考[J]. 测绘科学, 2013(4): 19-21.

[32] 李鹏程, 王慧, 刘志青, 等. 一种基于扫描线的数学形态学 LiDAR 点云滤波方法[J]. 测绘科学技术学报, 2011(4): 274-277.

[33] Chen Q. Improvement of the Edge—based Morphological (EM) method for lidar data filtering[J]. International Journal of Remote Sensing, 2009, 30(4): 1069-1074.

[34] 李峰, 崔希民, 袁德宝, 等. 改进坡度的 LiDAR 点云形态学滤波算法[J]. 大地测量与地球动力学, 2012(5): 128-132.

[35] Chen D, Zhang L, Wang Z, et al. A mathematical morphology-based multi-level filter of LiDAR data for generating DTMs[J]. Science China Information Sciences, 2013, 56

（10）：1-14.

［36］谷延超，范东明，余彪，等．基于形态学与区域生长的机载 LiDAR 点云数据滤波［J］．大地测量与地球动力学，2015（5）：811-815.

［37］Hui Z, Hu Y, Yevenyo Y Z, et al. An improved morphological algorithm for filtering airborne LiDAR point cloud based on multi-level kriging interpolation［J］. Remote Sensing, 2016, 8：35.

［38］Chen C, Li Y, Li W, et al. A multiresolution hierarchical classification algorithm for filtering airborne LiDAR data［J］. ISPRS Journal of Photogrammetry and Remote Sensing, 2013, 82：1-9.

［39］Lee H, Younan N. DTM extraction of Lidar returns via adaptive processing［J］. IEEE Transactions on Geoscience and Remote Sensing, 2003, 41（9）：2063-2069.

［40］Axelsson P. DEM generation from laser scanner data using adaptive TIN models［J］. International Archives of Photogrammetry and Remote Sensing, 2000, 33（B4/1）：110-117.

［41］隋立春，张熠斌，张硕，等．基于渐进三角网的机载 LiDAR 点云数据滤波［J］．武汉大学学报（信息科学版），2011（10）：1159-1163.

［42］高广，马洪超，张良，等．顾及地形断裂线的 LiDAR 点云滤波方法研究［J］．武汉大学学报（信息科学版），2015（4）：474-478.

［43］吴芳，张宗贵，郭兆成，等．基于机载 LiDAR 点云滤波的矿区 DEM 构建方法［J］．国土资源遥感，2015（1）：62-67.

［44］Vosselman G. Slope based filtering of laser altimetry data［J］. International Archives of Photogrammetry & Remote Sensing, 2000, 33（B3/2；PART 3）：935-942.

［45］Sithole G, Vosselman G, Sithole G. Report：ISPRS comparison of filters［R］. Delft University of Technology：Commission Ⅲ/WG3, 2003.

［46］Sithole G. Filtering of laser altimetry data using slope adaptive filter［J］. International Archives of Photogrammetry Remote Sensing and Spatial Information Sciences, 2001, 34（3/W4）：203-210.

［47］Susaki J. Adaptive slope filtering of airborne LiDAR data in urban areas for digital terrain model（DTM）generation［J］. Remote Sensing, 2012, 4（12）：1804-1819.

［48］张皓，贾新梅，张永生，等．基于虚拟网格与改进坡度滤波算法的机载 LIDAR 数据滤波［J］．测绘科学技术学报，2009（3）：224-227.

［49］Jiang X, Bunke H. Fast segmentation of range images into planar regions by scan line grouping［J］. Machine Vision and Applications, 1994, 7(2): 115-122.

［50］Melzer T. Non-parametric segmentation of ALS point clouds using mean shift［J］. Journal of Applied Geodesy, 2007, 1(3): 159-170.

［51］Rottensteiner F. Automatic generation of high-quality building models from lidar data［J］. IEEE Computer Graphics & Applications, 2003, 23(6): 42-50.

［52］张宁宁, 杨英宝, 于双. 基于坡度和区域生长的城市 LiDAR 点云滤波方法［J］. 地理空间信息, 2016(3): 30-32.

［53］Chen D, Zhang L, Li J, et al. Urban building roof segmentation from airborne lidar point clouds［J］. International Journal of Remote Sensing, 2012, 33(20): 6497-6515.

［54］Tóvári D, Pfeifer N. Segmentation based robust interpolation——A new approach to laser data filtering［J］. International Archives of the Photogrammetry Remote Sensing & Spatial Information Science, 2005, 36: 79-84.

［55］徐景中, 万幼川, 赖祖龙. 机载激光雷达数据中道路中线的多尺度提取方法［J］. 红外与激光工程, 2009(6): 1099-1103.

［56］Choi Y, Jang Y, Lee H, et al. Three-Dimensional LiDAR Data Classifying to Extract Road Point in Urban Area［J］. IEEE Geoscience and Remote Sensing Letters, 2008, 5(4): 725-729.

［57］Clode S, Rottensteiner F, Kootsookos P, et al. Detection and Vectorization of Roads from Lidar Data［J］. Photogrammetric Engineering & Remote Sensing, 2007, 73(5): 517-535.

［58］Clode S, Kootsookos P J, Rottensteiner F. The Automatic Extraction of Roads from LIDAR data［J］. International Archives of the Photogrammetry Remote Sensing & Spatial Information Science, 2004, 35: 231-236.

［59］都伟冰, 王双亭, 王春来. 基于机载 LiDAR 粗糙度指数和回波强度的道路提取［J］. 测绘科学技术学报, 2013(1): 63-67.

［60］李峰, 崔希民, 刘小阳, 等. 机载 LiDAR 点云提取城市道路网的半自动方法［J］. 测绘科学, 2015(2): 88-92.

［61］彭检贵, 马洪超, 高广, 等. 利用机载 LiDAR 点云数据提取城区道路［J］. 测绘通报, 2012(9): 16-19.

［62］陈卓, 马洪超, 李云帆. 结合角度纹理信息和 Snake 方法从 LiDAR 点云数据中提

取道路交叉口[J]. 国土资源遥感, 2013(4): 79-84.

[63] Zhao J, You S, Huang J. Rapid extraction and updating of road network from airborne LiDAR data[C]//Applied Imagery Pattern Recognition Worshop (AIPR), IEEE, 2011: 1-7.

[64] Zhao J, You S. Road network extraction from airborne LIDAR data using scene context[C]//Computer Vision and Pattern Recognition Workshops (CVPRW), Computer Society Conference on IEEE, 2012: 9-16.

[65] Akel N A, Kremeike K, Filin S, et al. Dense DTM generalization aided by roads extracted from LIDAR data[C]//Enschede, the Netherlands: 2005: 54-59.

[66] 张志伟, 刘志刚, 黄晓明, 等. 基于 LIDAR 数据的道路平面线形拟合方法研究[J]. 公路交通科技, 2009, 26(12): 17-22.

[67] Xu S, Ye N, Xu S, et al. A supervoxel approach to the segmentation of individual trees from LiDAR point clouds[J]. Remote Sensing Letters, 2018, 9(6): 515-523.

[68] Jaafar W S W M, Woodhouse I H, Silva C A, et al. Improving individual tree crown delineation and attributes estimation of tropical forests using airborne LiDAR data[J]. FORESTS, 2018, 9(75912).

[69] Wang Y, Pyorala J, Liang X, et al. In Situ biomass estimation at tree and plot levels: What did data record and what did algorithms derive from terrestrial and aerial point clouds in boreal forest[J]. Remote Sensing of Environment, 2019, 232: 11309.

[70] Lin Y, Hyyppa J, Jaakkola A, et al. Three-level frame and RD-schematic algorithm for automatic detection of individual trees from MLS point clouds[J]. International Journal of Remote Sensing, 2012, 33(6): 1701-1716.

[71] Srinivasan S, Popescu S C, Eriksson M, et al. Terrestrial laser scanning as an effective tool to retrieve tree level height, crown width, and stem diameter[J]. Remote Sensing, 2015, 7(2): 1877-1896.

[72] Henning J G, Radtke P J. Detailed stem measurements of standing trees from ground-based scanning lidar[J]. forest science, 2006, 52(1): 67-80.

[73] Strimbu V F, Strimbu B M. A graph-based segmentation algorithm for tree crown extraction using airborne LiDAR data[J]. Isprs Journal of Photogrammetry and Remote Sensing, 2015, 104: 30-43.

[74] Lee H, Slatton K C, Roth B E, et al. Adaptive clustering of airborne LiDAR data to

segment individual tree crowns in managed pine forests [J]. International Journal of Remote Sensing, 2010, 31(1): 117-139.

[75]Zhang W, Wan P, Wang T, et al. A Novel Approach for the Detection of Standing Tree Stems from Plot-Level Terrestrial Laser Scanning Data[J]. Remote Sensing, 2019, 11 (2).

[76] Liang X, Litkey P, Hyyppa J, et al. Automatic Stem Mapping Using Single-Scan Terrestrial Laser Scanning[J]. IEEE Transactions on Geoscience and Remote Sensing, 2012, 50(2): 661-670.

[77]Liang X, Kukko A, Hyyppa J, et al. In-situ measurements from mobile platforms: An emerging approach to address the old challenges associated with forest inventories[J]. ISPRS Journal of Photogrammetry and Remote Sensing, 2018, 143: 97-107.

[78]Olofsson K, Holmgren J, Olsson H. Tree stem and height measurements using terrestrial laser scanning and the RANSAC algorithm [J]. Remote Sensing, 2014, 6(5): 4323-4344.

[79]Jakubowski M K, Li W, Guo Q, et al. Delineating individual trees from lidar data: A comparison of vector-and raster-based segmentation approaches [J]. Remote Sensing, 2013, 5(9): 4163-4186.

[80]Eysn L, Hollaus M, Lindberg E, et al. A benchmark of lidar-based single tree detection methods using heterogeneous forest data from the alpine space [J]. Forests, 2015, 6 (5): 1721-1747.

[81] Hui Z, Jin S, Cheng P, et al. An active learning method for DEM extraction from airborne LiDAR point clouds[J]. Ieee Access, 2019, 7: 89366-89378.

[82] Xiao W, Zaforemska A, Smigaj M, et al. Mean shift segmentation assessment for individual forest tree delineation from airborne lidar data[J]. Remote Sensing, 2019, (11): 1263.

[83]Zhen Z, Quackenbush L J, Zhang L. Impact of tree-oriented growth order in marker-controlled region growing for individual tree crown delineation using airborne laser scanner (ALS) data[J]. Remote Sensing, 2014, 6(1): 555-579.

[84]Hyyppa J, Kelle O, Lehikoinen M, et al. A segmentation-based method to retrieve stem volume estimates from 3-D tree height models produced by laser scanners [J]. IEEE Transactions on Geoscience and Remote Sensing, 2001, 39(5): 969-975.

［85］Chen Q, Baldocchi D, Peng G, et al. Isolating individual trees in a savanna woodland using small footprint LIDAR data［J］. Photogrammetric Engineering & Remote Sensing, 2006, 72(8): 923-932.

［86］Mongus D, Zalik B. An efficient approach to 3D single tree-crown delineation in LiDAR data［J］. ISPRS Journal of Photogrammetry and Remote Sensing, 2015, 108: 219-233.

［87］Yang J, Kang Z, Cheng S, et al. An individual tree segmentation method based on watershed algorithm and three-dimensional spatial distribution analysis from airborne LiDAR point clouds［J］. IEEE Journal of Selected Topics in Applied Earth Observations and Remote Sensing, 2020, 13: 1055-1067.

［88］Hu X, Wei C, Xu W. Adaptive mean shift-based identification of individual trees using airborne LiDAR data［J］. Remote Sensing, 2017, 9(2): 148.

［89］Dai W, Yang B, Dong Z, et al. A new method for 3D individual tree extraction using multispectral airborne LiDAR point clouds［J］. ISPRS Journal of Photogrammetry and Remote Sensing, 2018, 144: 400-411.

［90］Xiao W, Xu S, Elberink S O, et al. Individual tree crown modeling and change detection from airborne LiDAR data［J］. IEEE Journal of Selected Topics in Applied Earth Observations and Remote Sensing, 2016, 9(8Si): 3467-3477.

［91］Cheng Y Z. Mean shift, mode seeking, and clustering［J］. IEEE Transactions on Pattern Analysis and Machine Intelligence, 1995, 17(8): 790-799.

［92］Ferraz A, Bretar F, Jacquemoud S, et al. 3-D mapping of a multi-layered Mediterranean forest using ALS data［J］. Remote Sensing of Environment, 2012, 121: 210-223.

［93］Ferraz A, Saatchi S, Mallet C, et al. Lidar detection of individual tree size in tropical forests［J］. Remote Sensing of Environment, 2016, 183: 318-333.

［94］Wei C, Hu X, Wen C, et al. Airborne LiDAR remote sensing for individual tree forest inventory using trunk detection-aided mean shift clustering techniques［J］. Remote Sensing, 2018, 10(7): 1078.

［95］Li W, Guo Q, Jakubowski M K, et al. A new method for segmenting individual trees from the LiDAR point cloud［J］. Photogrammetric Engineering and Remote Sensing, 2012, 78(1): 75-84.

［96］Zhong L, Cheng L, Xu H, et al. Segmentation of individual trees from TLS and MLS data［J］. IEEE Journal of Selected Topics in Applied Earth Observations and Remote

Sensing, 2017, 10(2): 774-787.

[97] Moorthy S M K, Calders K, Vicari M B, et al. Improved supervised learning-based approach for leaf and wood classification from LiDAR point clouds of forests[J]. IEEE Transactions on Geoscience and Remote Sensing, 2020, 58(5): 3057-3070.

[98] Xi Z, Hopkinson C, Chasmer L. Filtering stems and branches from terrestrial laser scanning point clouds using deep 3-D fully convolutional networks[J]. Remote Sensing, 2018, 10(12158).

[99] Zhu X, Skidmore A K, Wang T, et al. Improving leaf area index (LAI) estimation by correcting for clumping and woody effects using terrestrial laser scanning [J]. Agricultural and Forest Meteorology, 2018, 263: 276-286.

[100] Calders K, Newnham G, Burt A, et al. Nondestructive estimates of above-ground biomass using terrestrial laser scanning[J]. Methods in Ecology and Evolution, 2015, 6 (2): 198-208.

[101] Vicari M B, Disney M, Wilkes P, et al. Leaf and wood classification framework for terrestrial LiDAR point clouds[J]. Methods in Ecology and Evolution, 2019, 10(5): 680-694.

[102] Raumonen P, Kaasalainen M, Akerblom M, et al. Fast automatic precision tree models from terrestrial laser scanner data[J]. Remote Sensing, 2013, 5(2): 491-520.

[103] Brodu N, Lague D. 3D terrestrial lidar data classification of complex natural scenes using a multi-scale dimensionality criterion: Applications in geomorphology[J]. ISPRS Journal of Photogrammetry and Remote Sensing, 2012, 68: 121-134.

[104] Ma L, Zheng G, Eitel J U H, et al. Improved salient feature-based approach for automatically separating photosynthetic and nonphotosynthetic components within terrestrial LiDAR point cloud data of forest canopies [J]. IEEE Transactions on Geoscience and Remote Sensing, 2016, 54(2): 679-696.

[105] Xi Z, Hopkinson C, Rood S B, et al. See the forest and the trees: Effective machine and deep learning algorithms for wood filtering and tree species classification from terrestrial laser scanning[J]. ISPRS Journal of Photogrammetry and Remote Sensing, 2020, 168: 1-16.

[106] Tao S, Guo Q, Xu S, et al. A geometric method for wood-leaf separation using terrestrial and simulated LiDAR data[J]. Photogrammetric Engineering and Remote

Sensing, 2015, 81(10): 767-776.

[107] Livny Y, Yan F, Olson M, et al. Automatic reconstruction of tree skeletal structures from point clouds[J]. Acm Transactions on Graphics, 2010, 29(1516).

[108] Wang D, Takoudjou S M, Casella E. LeWoS: A universal leaf-wood classification method to facilitate the 3D modelling of large tropical trees using terrestrial LiDAR[J]. Methods in Ecology and Evolution, 2020, 11(3): 376-389.

[109] Cote J, Widlowski J, Fournier R A, et al. The structural and radiative consistency of three-dimensional tree reconstructions from terrestrial lidar[J]. Remote Sensing of Environment, 2009, 113(5): 1067-1081.

[110] Beland M, Baldocchi D D, Widlowski J, et al. On seeing the wood from the leaves and the role of voxel size in determining leaf area distribution of forests with terrestrial LiDAR[J]. Agricultural and Forest Meteorology, 2014, 184: 82-97.

[111] Beland M, Widlowski J, Fournier R A, et al. Estimating leaf area distribution in savanna trees from terrestrial LiDAR measurements[J]. Agricultural and Forest Meteorology, 2011, 151(9): 1252-1266.

[112] Yao T, Yang X, Zhao F, et al. Measuring forest structure and biomass in New England forest stands using Echidna ground-based lidar[J]. Remote Sensing of Environment, 2011, 115(11Si): 2965-2974.

[113] Yang X, Strahler A H, Schaaf C B, et al. Three-dimensional forest reconstruction and structural parameter retrievals using a terrestrial full-waveform lidar instrument (Echidn (R))[J]. Remote Sensing of Environment, 2013, 135: 36-51.

[114] Danson F M, Gaulton R, Armitage R P, et al. Developing a dual-wavelength full-waveform terrestrial laser scanner to characterize forest canopy structure[J]. Agricultural and Forest Meteorology, 2014, 198: 7-14.

[115] Danson F M, Sasse F, Schofield L A. Spectral and spatial information from a novel dual-wavelength full-waveform terrestrial laser scanner for forest ecology[J]. Interface Focus, 2018, 8(201700492).

[116] Li Z, Douglas E, Strahler A, et al. Separating leaves from trunks and branches with dual-wavelength terrestrial lidar scanning[M]//IEEE International Symposium on Geoscience and Remote Sensing IGARSS, 2013: 3383-3386.

[117] Wang D, Hollaus M, Pfeifer N. Feasibility of machine learning methods for separating

wood and leaf points from terrestrial laser scanning data[C]//ISPRS Annals of the Photogrammetry, Remote Sensing and Spatial Information Sciences, IV-2/W4, 2017: 157-164.

[118]Ullrich A, Studnicka N, Hollaus M, et al. Improvements in DTM generation by using full-waveform airborne laser scanning data[C]//7th International Conference On "Laser Scanning and Digital Aerial Photography. Today And Tomorrow", Moscow, Russia. 2007.

[119]罗伊萍. LiDAR 数据滤波和影像辅助提取建筑物[D]. 郑州:解放军信息工程大学, 2010.

[120]罗伊萍, 姜挺, 王鑫, 等. 基于数学形态学的 LiDAR 数据滤波新方法[J]. 测绘通报, 2011(3): 15-19.

[121]张小红. 利用机载 LiDAR 双次回波高程之差分类激光脚点[J]. 测绘科学, 2006(4): 48-50.

[122]许晓东, 张小红, 程世来. 航空 LiDAR 的多次回波探测方法及其在滤波中的应用[J]. 武汉大学学报(信息科学版), 2007(9): 778-781.

[123]林祥国, 张继贤. 机载 LiDAR 数据的多回波信息分析及应用研究[J]. 测绘科学, 2013(2): 22-25.

[124]林祥国, 宗浩. 基于语义推理的城区机载 LiDAR 分割点云分类[J]. 测绘科学, 2014(1): 38-44.

[125]董保根, 马洪超, 车森, 等. LiDAR 点云支持下地物精细分类的实现方法[J]. 遥感技术与应用, 2016(1): 165-169.

[126]Liu J, Shen J, Zhao R, et al. Extraction of individual tree crowns from airborne LiDAR data in human settlements[J]. Mathematical & Computer Modelling, 2013, 58(3-4): 524-535.

[127]Shen J, Liu J, Lin X, et al. Object-based classification of airborne light detection and ranging point clouds in human settlements[J]. Sensor Letters, 2011, 10(1-2): 221-229.

[128]黄先锋, 李娜, 张帆, 等. 利用 LiDAR 点云强度的十字剖分线法道路提取[J]. 武汉大学学报(信息科学版), 2015(12): 1563-1569.

[129]乔纪纲, 陈明辉, 艾彬, 等. SVM 用于 LiDAR 数据的地物分类[J]. 测绘通报, 2013(7): 35-38.

[130]彭代锋，张永军，熊小东．结合 LiDAR 点云和航空影像的建筑物三维变化检测[J]．武汉大学学报(信息科学版)，2015(4)：462-468.

[131]张永军，熊小东，沈翔．城区机载 LiDAR 数据与航空影像的自动配准[J]．遥感学报，2012(3)：579-595.

[132]吴军，饶云，胡彦君，等．"针孔"模拟成像下的单航空影像与 LiDAR 点云配准[J]．遥感学报，2016(1)：80-93.

[133]盛庆红，陈姝文，费利佳，等．基于 Plücker 直线的机载 LiDAR 点云与航空影像的配准[J]．测绘学报，2015(7)：761-767.

[134] Bentley J L. Multidimensional binary search trees used for associative searching[J]. Communications of the Acm, 1975, 18(9)：509-517.

[135]赵江洪，王继伟，王晏民，等．一种新的散乱点云数据多级空间索引[J]．地球信息科学学报，2015(12)：1450-1455.

[136]陈茂霖，万幼川，田思忆，等．一种基于线性 KD 树的点云数据组织方法[J]．测绘通报，2016(1)：23-27.

[137]尚大帅，周勃，王江涛，等．一套基于虚拟格网的城区 LiDAR 点云数据滤波流程[J]．测绘技术装备，2015(2)：41-43.

[138]陈永枫，徐青，邢帅，等．基于扫描线和虚拟格网的 LiDAR 点云数据非兴趣点剔除方法[J]．测绘工程，2013(6)：27-30.

[139]张宏伟，张保明，郭海涛，等．一种基于点云数据的 DEM 生成方法[J]．测绘与空间地理信息，2015(5)：4-6.

[140]姚春静，游丽娜，王英．基于语义特征的堤防外坡激光脚点分割[J]．遥感学报，2015(2)：209-218.

[141]李炼，王蕾，刘刚，等．自适应移动盒子的机载 LiDAR 点云去噪算法[J]．测绘科学，2016(4)：144-147.

[142]朱俊锋，胡翔云，张祖勋，等．多尺度点云噪声检测的密度分析法[J]．测绘学报，2015(3)：282-291.

[143] Huang N E, Shen Z, Long S R, et al. The empirical mode decomposition and the Hilbert spectrum for nonlinear and non-stationary time series analysis[J]. The Royal Society A Mathematical Physical & Engineering Sciences, 1998, 454(1971)：903-995.

[144]杨永锋．经验模态分解在振动分析中的应用[M]．北京：国防工业出版社，2013.

[145]陈凯．基于经验模式分解的去噪方法[J]．石油地球物理勘探，2009(5)：603-608.

［146］Boudraa A, Cexus J. EMD-based signal filtering［J］. IEEE Transactions on Instrumentation and Measurement, 2007, 56(6): 2196-2202.

［147］曹冲锋. 基于 EMD 的机械振动分析与诊断方法研究［D］. 杭州: 浙江大学, 2009.

［148］Guo K, Zhang X, Li H, et al. Application of EMD method to friction signal processing［J］. Mechanical Systems & Signal Processing, 2008, 22(1): 248-259.

［149］Li H, Deng X, Dai H. Structural damage detection using the combination method of EMD and wavelet analysis［J］. Mechanical Systems & Signal Processing, 2007, 21 (1): 298-306.

［150］Acharya U R, Fujita H, Sudarshan V K, et al. Application of empirical mode decomposition (EMD) for automated identification of congestive heart failure using heart rate signals［J］. Neural Computing & Applications, 2016: 1-22.

［151］Riaz F, Hassan A, Rehman S, et al. EMD-Based Temporal and Spectral Features for the Classification of EEG Signals Using Supervised Learning［J］. IEEE Transactions on Neural Systems & Rehabilitation Engineering A Publication of the IEEE Engineering in Medicine & Biology Society, 2016, 24(1): 28-35.

［152］Han T, Jiang D, Wang N. The fault feature extraction of rolling bearing based on EMD and difference spectrum of singular value［J］. Shock & Vibration, 2016, 2016(13): 1-14.

［153］Zhao J, Gong W, Tang Y, et al. EMD-based symbolic dynamic analysis for the recognition of human and nonhuman pyroelectric infrared signals［J］. Sensors, 2015, 16(1).

［154］Fang H T, Huang D S. Noise reduction in lidar signal based on discrete wavelet transform［J］. Optics Communications, 2004, 233(1-3): 67-76.

［155］Mao J. Noise reduction for lidar returns using local threshold wavelet analysis［J］. Optical and Quantum Electronics, 2012, 43(1-5): 59-68.

［156］Li X F, Huang Y. LiDAR signal de-noising based on discrete wavelet transform［J］. Chinese Optics Letters, 2007, 5(S1): S260-S263.

［157］Shi S, Gong W, Lv L, et al. Signal noise reduction based on wavelet transform in two-wavelength LiDAR system［J］. ISPRS—International Archives of the Photogrammetry, Remote Sensing and Spatial Information Sciences, 2012: 449-452.

［158］Ohtsu N. A Threshold selection method from gray-level histograms ［J］. IEEE

Transactions on Systems Man & Cybernetics, 1979, 9(1): 62-66.

[159]徐国华, 张保明, 李旭. 基于改进的最大类间方差法的遥感影像变化检测[J]. 测绘科学, 2012(1): 80-82.

[160]靳生洪, 杨鸿海, 王莲玉. 基于格网化 LiDAR 点云数据坡度滤波方法的研究[J]. 测绘与空间地理信息, 2013(6): 154-156.

[161]Meng X, Wang L, Silván-Cárdenas J L, et al. A multi-directional ground filtering algorithm for airborne LiDAR [J]. ISPRS Journal of Photogrammetry and Remote Sensing, 2009, 64(1): 117-124.

[162]杨洋, 张永生, 邹晓亮, 等. 一种改进的基于坡度变化的机载激光雷达点云滤波方法[J]. 测绘科学, 2008(S3): 12-13, 280.

[163]刘志青, 李鹏程, 郭海涛, 等. 融合强阈值三角网与总体最小二乘曲面拟合滤波[J]. 红外与激光工程, 2016(4): 135-142.

[164]邢旭东, 吕现福, 王旭东, 等. 一种基于分层自适应移动曲面拟合机载 LiDAR 点云数据滤波方法[J]. 测绘与空间地理信息, 2016(1): 128-130.

[165]曾繁轩, 李亮. 基于 Lagrange 算子与曲面拟合的点云滤波研究[J]. 激光杂志, 2016(8): 75-78.

[166]胡举, 杨辽, 沈金祥, 等. 一种基于分割的机载 LiDAR 点云数据滤波[J]. 武汉大学学报(信息科学版), 2012(3): 318-321.

[167]成晓倩, 樊良新, 赵红强. 基于图像分割技术的城区机载 LiDAR 数据滤波方法[J]. 国土资源遥感, 2012(3): 29-32.

[168]房华乐, 林祥国, 段敏燕, 等. 面向对象的车载 LiDAR 点云滤波方法[J]. 测绘科学, 2015(4): 92-96.

[169]Li Y, Yong B, Wu H, et al. Filtering airborne lidar data by modified white top-hat transform with directional edge constraints[J]. Photogrammetric Engineering & Remote Sensing, 2014, 80(2): 133-141.

[170]Luo W, Pingel T, Heo J, et al. A progressive black top hat transformation algorithm for estimating valley volumes on Mars[J]. Computers & Geosciences, 2015, 75: 17-23.

[171]赵明波, 何峻, 田军生, 等. 基于改进的渐进多尺度数学形态学的激光雷达数据滤波方法[J]. 光学学报, 2013(3): 292-301.

[172]吴军, 李伟, 彭智勇, 等. 融合形态学灰度重建与三角网分层加密的 LiDAR 点云滤波[J]. 武汉大学学报(信息科学版), 2014(11): 1298-1303.

［173］孙蒙，顾和和．基于微分形态学断面的机载 LiDAR 数据滤波新方法［J］．大地测量与地球动力学，2016（7）：591-594.

［174］孙美玲，李永树，陈强，等．基于迭代多尺度形态学开重建的城区 LiDAR 滤波方法［J］．红外与激光工程，2015（1）：363-369.

［175］乔淑荣．考虑区域增长与数学形态学的 LiDAR 多次回波数据滤波［J］．工程勘察，2016（7）：44-48.

［176］Mongus D, Lukač N, žalik B. Ground and building extraction from LiDAR data based on differential morphological profiles and locally fitted surfaces［J］. ISPRS Journal of Photogrammetry and Remote Sensing, 2014, 93：145-156.

［177］李俊晓，李朝奎，殷智慧．基于 ArcGIS 的克里金插值方法及其应用［J］．测绘通报，2013（9）：87-90，97.

［178］李瑾杨，范建容，徐京华．基于点云数据内插 DEM 的精度比较研究［J］．测绘与空间地理信息，2013（1）：37-40.

［179］张靖．基于克里金算法的点云数据插值研究［D］．西安：长安大学，2014.

［180］Congalton R G. A review of assessing the accuracy of classifications of remotely sensed data［J］. Remote Sensing of Environment, 1991, 37（1）：35-46.

［181］Elmqvist M, Jungert E, Lantz F, et al. Terrain modelling and analysis using laser scanner data［C］//IAPRS, Vol. XXXIV-3/W4 Annapolis, MD, 2001：219-227.

［182］Sohn G, Dowman I. Terrain surface reconstruction by the use of tetrahedron model with the MDL criterion［C］//IAPRS, Vol XXXIV Part 3A. ISPRS Commission Ⅲ, Symposium, 2002：336-344.

［183］Roggero M. Airborne Laser Scanning-Clustering in Raw Data［C］//IAPRS, Vo; XXXIV-3/W4 Annapolis, MD, 2001：227-232.

［184］Brovelli M A, Cannata M, Longoni U M. Managing and processing LIDAR data within GRASS［C］//The GRASS Users Conference 2002.

［185］Wack R, Wimmer A. Digital terrain models from airborne laser scanner data-A grid based approach［C］//IAPRS, Vol XXXIV Part 3B. ISPRS Commission Ⅲ, Symposium, 2002：293-296.

［186］Pfeifer N, Kostli A, Kraus K. Interpolation and filtering of laser scanner data-Implementation and first results［C］//International archives of photogrammetry and remote sensing, Vol XXXII, Columbus, 1998：153-159.

［187］刘经南，张小红．利用激光强度信息分类激光扫描测高数据［J］．武汉大学学报（信息科学版），2005（3）：189-193．

［188］杨晓云，岑敏仪，梁郁．基于光强信息统计量分割 LiDAR 点云数据［J］．西南师范大学学报（自然科学版），2014（12）：76-79．

［189］Wagner W，Ullrich A，Ducic V，et al. Gaussian decomposition and calibration of a novel small-footprint full-waveform digitising airborne laser scanner［J］. Isprs Journal of Photogrammetry & Remote Sensing，2006，60（2）：100-112．

［190］张小红．机载激光雷达测量技术理论与方法［M］．武汉：武汉大学出版社，2007．

［191］Lang M W，Mccarty G W. Lidar intensity for improved detection of inundation below the forest canopy［J］. Wetlands，2009，29（4）：1166-1178．

［192］Ohashi M. 40420 A Study on Tree Species Classification by Using LiDAR Intensity ［C］//Summaries of technical papers of Annual Meeting Architectural Institute of Japan. 2011：879-880．

［193］Zhang J，Lin X，Ning X. SVM-based classification of segmented airborne LiDAR point clouds in urban ares［J］. Remote Sensing，2013，5：3749-3775．

［194］龚亮，张永生，李正国，等．基于强度信息聚类的机载 LiDAR 点云道路提取［J］．测绘通报，2011（9）：15-17．

［195］陈飞．基于机载 LiDAR 点云的道路提取方法研究［D］．成都：西南交通大学，2013．

［196］赖旭东，万幼川．基于平坦度的激光雷达强度图像的滤波算法［J］．中国激光，2005（10）：23-27．

［197］颜兵，王金鹤，赵静．基于均值滤波和小波变换的图像去噪技术研究［J］．计算机技术与发展，2011（2）：51-53．

［198］李佐勇，汤可宗，胡锦美，等．椒盐图像的方向加权均值滤波算法［J］．中国图象图形学报，2013（11）：1407-1415．

［199］宋清昆，马丽，曹建坤，等．基于小波变换和均值滤波的图像去噪［J］．黑龙江大学自然科学学报，2016（4）：555-560．

［200］董保根，秦志远，陈静，等．无需阈值支持的机载 LiDAR 点云数据滤波方法［J］．计算机工程与应用，2013（15）：219-223．

［201］Bartels M，Wei H. Segmentation of LiDAR Data Using Measures of Distribution［J］. International Archives of Photogrammetry，Remote Sensing and Spatial Information

Sciences, 2006, 36(7): 426-431.

[202] Bartels M, Wei H. Threshold-free object and ground point separation in LiDAR data[J]. Pattern Recognition Letters, 2010, 31(10): 1089-1099.

[203] Crosilla F, Macorig D, Scaioni M, et al. LiDAR data filtering and classification by skewness and kurtosis iterative analysis of multiple point cloud data categories[J]. Applied Geomatics, 2013, 5(3): 225-240.

[204] Liu Y, Li Z, Hayward R, et al. Classification of Airborne LiDAR intensity data using statistical analysis and hough transform with application to power line corridors[C]. Digital Image Computing: Techniques & Applicatians, 2009: 462-467.

[205] Wei Y, Hinz S, Stilla U. Automatic vehicle extraction from airborne LiDAR data of urban areas using morphological reconstruction[C]//Pattern Recognition in Remote Sensing (PRRS 2008), 2008 IAPR Workshop on. IEEE, 2008: 1-4.

[206] Bao Y, Li G, Cao C, et al. Classification of Lidar Point Cloud and Generation of DTM from LiDAR Height and Intensity Data in Forested Area[J]. The International Archives of the Photogrammetry, Remote Sensing and Spatial Information Sciences, 2008, 37(7): 313-318.

[207] 龚亮, 张永生, 施群山, 等. 基于高程统计方法的机载 LiDAR 点云数据滤波[J]. 测绘与空间地理信息, 2012(2): 42-45.

[208] 万剑华, 黄荣刚, 周行, 等. 基于曲率统计的 LiDAR 点云二次滤波方法[J]. 中国石油大学学报(自然科学版), 2013(1): 56-60.

[209] 杨晓云, 岑敏仪, 贾洪果. 基于参数统计的 LiDAR 数据分割算法[J]. 测绘通报, 2013(10): 20-22.

[210] 杨娜, 秦志远, 于晓光, 等. 一种基于偏度平衡的 LiDAR 点云滤波算法[J]. 信息工程大学学报, 2013(5): 596-599.

[211] 孙蒙, 顾和和. 联立偏度与峰度变化曲线的机载 LiDAR 点云滤波方法[J]. 测绘科学技术学报, 2016(1): 48-52.

[212] Duda R, Hart P, Stork D. Pattern classification[M]. Wiley-Interscience, 2000.

[213] 陶超, 谭毅华, 蔡华杰, 等. 面向对象的高分辨率遥感影像城区建筑物分级提取方法[J]. 测绘学报, 2010(1): 39-45.

[214] Hilditch C. Linear skeleton from square cupboards[J]. Machine Intelligence, 1969, 6: 403-420.

［215］Zhang T Y. A fast parallel algorithm for thinning digital patterns［J］. Communications of the Acm, 1984, 27(3): 236-239.

［216］Chin R T, Wan H K, Stover D L, et al. A one-pass thinning algorithm and its parallel implementation［J］. Computer Vision Graphics & Image Processing, 1987, 40(1): 30-40.

［217］赵晓锋. 高分辨率遥感影像城区道路提取方法研究［D］. 武汉: 华中科技大学, 2010.

［218］Cramer M. The DGPF-Test on digital airborne camera evaluation—Overview and test design［J］. Photogrammetrie-Fernerkundung-Geoinformation, 2010(2): 73-82.

［219］Wiedemann C, Heipke C, Mayer H, et al. Empirical evaluation of automatically extracted road axes［J］. Empirical Evaluation Techniques in Computer Vision, 1998: 172-187.

［220］Hu X, Tao C V. A reliable and fast ribbon road detector using profile analysis and model—Based verification［J］. International Journal of Remote Sensing, 2005, 26(5): 887-902.

［221］Liang X, Hyyppa J, Kaartinen H, et al. International benchmarking of terrestrial laser scanning approaches for forest inventories［J］. ISPRS Journal of Photogrammetry and Remote Sensing, 2018, 144: 137-179.